乔鲁京 著

二十四

雄浑之美 泰山 黄河 诗圣 史圣
冲淡之美 西园 兰亭序
沉着之美 苏轼 韩愈 祭侄帖
高古之美 剔灯图 云冈石窟 龙门石窟
纤秾之美 牡丹亭 汉宫春晓图
典雅之美 菊幽赏图 桃源仙境图
劲健之美 莫高窟一角 战斗在古长城
绮丽之美 芝圃 金银平文琴
自然之美 天坛古柏林 白居寺
含蓄之美 勾践剑 蛙声十里出山泉
豪放之美 上林苑 裴旻 吴道子 张旭
精神之美 庾信 西魏文帝元宝炬永陵石兽 鹊华秋色图
超诣之美 蓝瑛 白云红树图 黄易 紫云山探碑图
飘逸之美 好太王碑 隆福寺长明灯楼
旷达之美 浦津碣石 居庸关 杨慎
清奇之美 武当金顶 李渔赏桃花
委曲之美 太行八陉 梅花三弄 水图
洗练之美 倪瓒 容膝斋图 西岩松雪图
实境之美 吴镇 中与张家界 院画与松序
悲慨之美 项脊轩 西亭记残碑 文天祥
形容之美 任熊自画像 照夜白图 马踏飞燕
疏野之美 南阳公主 送李愿归盘谷序 李白
缜密之美 范宽 溪山行旅图 王蒙 青卞隐居图
流动之美 大禹治水图玉山 红口沉船遗址 交阯果然图

在中国

人民文学出版社　天天出版社

图书在版编目（CIP）数据

二十四美在中国 / 乔鲁京著. -- 北京：天天出版社，2021.4

ISBN 978-7-5016-1687-9

Ⅰ.①二… Ⅱ.①乔… Ⅲ.①美学—中国—青少年读物 Ⅳ.①B83-092

中国版本图书馆CIP数据核字(2021)第020808号

责任编辑：马晓冉　　　　　　　　　**美术编辑：**邓　茜
责任印制：康远超　张　璞

出版发行：天天出版社有限责任公司
地址：北京市东城区东中街 42 号　　　　　　**邮编：**100027
市场部：010-64169902　　　　　　**传真：**010-64169902
网址：http://www.tiantianpublishing.com
邮箱：tiantiancbs@163.com

印刷：天津市豪迈印务有限公司　　　**经销：**全国新华书店等
开本：880×1320　　1/32　　　　　　**印张：**8.5
版次：2021 年 4 月北京第 1 版　　**印次：**2021 年 4 月第 1 次印刷
字数：185 千字　　　　　　　　　　**印数：**1-10,000 册

书号：978-7-5016-1687-9　　　　　　**定价：**45.00 元

目 录

1

雄浑之美

大用外腓，真体内充。

反虚入浑，积健为雄。

具备万物，横绝太空。

荒荒油云，寥寥长风。

超以象外，得其环中。

持之非强，来之无穷。

什么是"腓"？"腓"是小腿肚。一个人如果长时期不运动、走路少，小腿肚肌肉会明显松弛。"大用外腓"，小腿肚结实饱满，继而整个身体都充满活力。

"反虚入浑，积健为雄"，这是一种什么境界呢？丰厚雄健且内外浑然一体。如这首四言诗所描述，一件雄浑之作往往气象宏大，包罗万物，就像长空中的苍茫飞云和猛烈的劲风。

那么，如何创作出雄浑的作品？诗中说：创作者不要被纷繁复杂的物象困扰，而应跳脱出来，从整体上去感受万事万物，驰骋自己的想象。同时不可刻意追求雄浑之境，如此得来方能意韵无穷。

我们来细品"雄浑"这两个字。

首先是"雄"。四言诗中指出"积健为雄"。这和《周易》"天行健，君子以自强不息"不谋而合，要求创作者不断开阔眼界和胸怀，自强自立，逐渐养成雄大的魄力和自信。

然后是"浑"。庄子讲过一个故事：南海之帝叫儵，北海之帝叫忽，中央之帝叫浑沌。儵与忽来到中央，浑沌对他俩很友善。这二位想报答浑沌，说："人都有七窍，用来视听食息，你没有，我们帮你凿出七窍吧，让你也能去看、去听、去吃、去呼吸。"他们每天给浑沌凿出一窍，第七天七窍全部凿通，浑沌却死了。[1]

这则寓言表达的是一种价值观："感受"优于"认知"。什么意思呢？面对一个事物，你主观感受可能是模糊的，甚至难以诉诸文字，但相较于条分缕析的理性判断，这种模糊的感受会任由你驰骋无边的想象，很可能恰恰是你对事物整体乃至本质上的把握。

读完这个小故事，你对"雄浑"之"浑"，是不是有所理解了呢？

岱宗夫如何，感受阳刚宏大

对中国人来说，哪一处风景符合"雄浑"之美？我首先想到的是泰山。两千多年前，孟子说"孔子登东山而小鲁，登泰山而小天下"[2]，自古以来，它就是公认的五岳之首。

---

[1] 见《庄子·应帝王》。
[2] 见《孟子·尽心上》。

岱宗夫如何，齐鲁青未了。

造化钟神秀，阴阳割昏晓。

荡胸生曾云，决眦入归鸟。

会当凌绝顶，一览众山小。

你或许觉得收录在教科书里的这首《望岳》的作者仿佛是《茅屋为秋风所破歌》里那个唇焦口燥、倚杖叹息的无力老者。殊不知736年，杜甫挥笔写就这首诗时只有二十四岁。那时的他，春歌冬猎，呼鹰逐兽，裘马清狂，放荡壮游。

青年诗人笔下"一览众山小"的泰山其实并不高：主峰玉皇顶海拔一千五百四十五米。但它雄踞于齐鲁平原，与周遭地貌相对高差超过一千三百米，如此鲜明的对比让泰山山体显得格外高大。这是泰山雄浑之美的第一个秘密。

当我们追随杜甫的脚步来到泰山脚下，感受最强烈的却不是它的巍峨高大，而是安稳厚重——这是泰山雄浑之美的又一个秘密：泰山山脉绵亘一百多公里，盘卧四百余平方千米，山基广博，山体宽大。人们写作演讲常常会用到"稳如泰山""重于泰山"之类的词，身临其境你才能对这些成语有更真切的感悟。

那年我一个人出门远行。清晨从山脚的红门开始登山。过经石峪，穿中天门，一路健步上行。走到对松山时，以为就快要登顶了，免不得身心松弛下来。如此转过山头，却是遭遇一记棒喝！只见飞龙岩、翔凤岭两峰对峙，之间的山谷斧劈刀削般凿出一挂一千八百二十七级石阶的天梯——不经过鼎鼎大名的"十八盘"就

位于山东省泰安市的泰山十八盘

想一步登顶？

　　如今想来，攀登泰山十八盘的经历像一曲激荡的交响诗，礼赞快意芳华的同时，又是一份最好的成人礼。它用真真切切的一山更比一山高，告诉我山外有山、天外有天；它用一级一级仿佛无穷尽的台阶刺激我"大用外腓"，鞭策我向前、向上；最后，它用顶端的南天门作为奖赏——当我浑身湿透走进门内，烈日遂被挡在门外，瞬间身心清凉。

行至主峰玉皇顶，能看到的最雄壮的人工造物，莫过于唐玄宗李隆基封禅泰山后撰书刻凿的《纪泰山铭》。这是一方高达十三米的摩崖石刻，洋洋洒洒一千言。

我曾在日本东京国立博物馆举办的"颜真卿大展"上，见过《纪泰山铭》整张巨型拓本，因其庞大，只能半挂于展厅墙壁，半铺于展厅地面。陈列这件拓本的展厅举架之高敞、空间之宏阔，据说在全球博物馆中都名列前茅，但我站在这卷拓本前却感到非常局促，眼前好像是一头困顿在水族馆展柜中的巨鲸，或是一只敛翅于动物园笼网里的大雕。

而你若在泰山之巅、大观峰前，《纪泰山铭》摩崖会给你完全不同的感受。仿若乘船出海，观巨鲸时而喷吐换气，时而扬尾击水；又像是攀至绝顶，望大雕或展翼盘旋，或振翅高飞。这是磅礴到无以名状的冲击力。

所以选一个清晨吧，从山脚红门开始，跟十八盘掰掰手腕，和南天门来个大大的拥抱。非如此，怎知"岱宗夫如何"？非如此，岂可知雄浑？

史家之绝唱，驰骋无边想象

泰山外，还有哪一处风景符合"雄浑"之美？我想带你去山西河津与陕西韩城一带。九曲十八弯的黄河在那里的黄土高原上左奔右突，生生冲撞出一条晋陕大峡谷。峡谷出口正是山西河津与陕西韩城交界的禹门口。

丙戌年正月初三，我站在禹门口外的黄河大桥上。眼前，天似穹庐，裹着黄沙的浊浪被零下的气温冻结成巨大的冰块。呵气成霜，烈风划过面颊好似刀割。第二天清晨，我来到黄河西岸的陕西韩城芝川镇。在芝川古渡口前，登上高高的山岗，去拜谒司马迁的墓地与祠堂。

《史记》作者司马迁出生在禹门口附近。青年时，他按父亲司马谈的要求，游历大江南北，搜集种种旧闻，为撰写通史做准备。后来子承父业，司马迁成为汉武帝的太史令。

公元前99年，将军李陵率五千步兵与八万匈奴铁骑血战，因为寡不敌众又得不到救援，兵败投降。得到消息后，汉武帝召集群臣，问大家该怎样处置李陵的家眷，众人都声讨李陵的罪过。司马迁却说："李陵对母亲孝顺，对兵士信义，奋不顾身保家卫国。这次血战失败，他之所以不死，是想立功赎罪报效朝廷。"然而前方谎报军情，造谣说李陵帮匈奴练兵。汉武帝一怒之下不仅诛杀了李陵全家，还要斩杀司马迁。想到撰写的通史"草创未就"[1]，司马迁意识到如果自己"伏法受诛，若九牛亡一毛，与蝼蚁何以异？"[2]他选择接受腐刑。

公元前91年，司马迁完成近五十三万字的《史记》。从上古传说中的黄帝时代，到汉武帝太初四年（公元前101年），三千多年的历史汇于这一部大书之中。

鲁迅评价《史记》乃"史家之绝唱，无韵之《离骚》"[3]。读之

[1] 见西汉司马迁《报任安书》。
[2] 同上。
[3] 见鲁迅《汉文学史纲要》。

位于陕西省韩城市的司马迁墓祠　耿朔/摄

确如置身泰山之巅，足以驰骋无边的想象。不消说太多，倘无《史记》，我们将与无数成语典故绝缘：网开一面、因势利导、随波逐流、完璧归赵、怒发冲冠、负荆请罪、毛遂自荐、脱颖而出、围魏救赵、纸上谈兵……我们今天能自豪地说"中华民族拥有五千多年不间断的文明史"，司马迁功莫大焉。试想，他若放弃撰史之志，决意赴死，没有"隐忍苟活，幽于粪土之中"[1]，那么汉武帝之前三千多年的中华文明史都将成为零乱的碎片，乃至荒芜的空白。《史记》既成，司马迁实现了"究天人之际，通古今之变，成一家之言"[2]的梦想，也达至"具备万物，横绝太空"的雄浑之境。

正月初四，来司马迁墓祠的游人不多，一个个口鼻呵出白气。墓祠在黄河西侧，对岸是后土庙，若用高倍望远镜，隐隐可以看到。汉武帝不仅去泰山封禅，也六次到后土庙祭祀大地之母。司马迁曾在《报任安书》里说："古者富贵而名摩灭，不可胜记，唯倜傥非常之人称焉。"是啊，富贵至极的帝王不断去后土庙祭祀，但功业大多雨打风吹去。千百年来，安如山、固如岳的是史圣墓祠。

"二十四美"脱胎于《二十四诗品》。为何要把雄浑之美放在第一位？就是想提醒诸君，莫忘此生担当，知晓我们中华民族传统文化的根基——以泰山、黄河为象征的雄大稳健，以杜甫、司马迁为代表的感时忧国。雄浑不仅是风景，更是我们民族的风骨、血脉与精神。

---

[1] 见西汉司马迁《报任安书》。
[2] 同上。

寻宝小贴士

泰山： 又称东岳、岱岳，是中华民族的象征。在中国传统文化里，五岳五镇四海四渎，是山水崇拜的核心，而泰山正是五岳之首。泰山位于山东省中部的泰安、济南、淄博三市之间，核心景区在泰安境内。它是中国的第一项世界文化与自然双重遗产。泰安介于山东省会济南和孔子故里曲阜之间，游客可乘高铁抵达。

杜甫相关遗迹： 杜甫故里位于河南省巩义市的站街镇南瑶湾村，已经开辟为景区，巩义在郑州和洛阳之间，设有高铁站。和杜甫有关的最知名景点是位于四川省成都市的杜甫草堂，相传杜甫在此先后居住近四年。唐朝末年，诗人韦庄寻访到草堂遗址。他修缮了茅屋，使之得以保存。宋元明清都有维修扩建，最终成为中国文学史的圣地。1961 年，杜甫草堂被国务院公布为第一批全国重点文物保护单位。

司马迁墓和祠： 坐落于陕西省韩城市境内。在完成《史记》后，司马迁于何时去世，已不可考。西晋时太守殷济仰慕司马迁的道德功业，于 310 年（西晋永嘉四年）创建了这处墓祠。因此所谓的司马迁墓应该只是一座后人缅怀的纪念冢。1982 年，司马迁墓和祠被国务院公布为第二批全国重点文物保护单位。

2

冲淡之美

素处以默，妙机其微。

饮之太和，独鹤与飞。

犹之惠风，荏苒在衣。

阅音修篁，美曰载归。

遇之匪深，即之愈稀。

脱有形似，握手已违。

排除外界纷扰，让心绪平静下来，奇妙幽微的天机或将不期而遇。带着这样一份平和圆融的心态创作，有如化身为鹤，在空中自由飞翔。

这种感觉就像暖风吹拂，侧耳倾听竹林风声，忍不住感慨：好美啊，让我融入这片天地吧！

冲淡之美不可言说，创作者只能偶然达到这样的境界，获得短暂的体验。如果刻意追求，只能在外在形式上徒具冲淡的面貌，实则早已背离冲淡的本质。

调动多重感官，可遇不可强求

"素处以默，妙机其微"说的是只有当内心毫无杂念时，才会观察体悟到自然的神机微妙。我们来看看书圣王羲之的故事。话说王羲之性格淡泊，不热衷名利。有一天，太尉郗鉴派人来到王家，想从王氏子弟中挑选女婿。和王羲之同辈的兄弟们为此精心准备，积极表现，只有王羲之兀自躺在东厢房床上，袒露肚皮，优哉游哉，没承想反倒被郗鉴看中，招为女婿。这便是成语"东床快婿"的出处。[1]

王羲之最喜欢鹅。他主政绍兴时，当地有老太太养了一只鹅，叫声很好听。王羲之兴冲冲地跑去赏鹅，但热情的老太太会错了意，竟宰鹅烹煮，以此款待，害得王羲之为这事叹息了一整天。

王羲之为何"性爱鹅"？北宋有人认为鹅善于转动脖颈，王羲之从中领悟出书法转腕用笔的玄机。[2]想不到"曲项向天歌"[3]的鹅竟助力王羲之成就"飘若浮云，矫若惊龙"[4]的书法。从这两个小故事中，我们不难体味出何为"素处以默，妙机其微"。

怎样才能体会冲淡之美？接下来的这几句诗从不同感官的感受进行了描绘。

---

[1] 见南北朝刘义庆《世说新语·雅量》。
[2] 见北宋郭熙《林泉高致》："故说者谓王右军喜鹅，意在取其转项。如人之执笔转腕以结字，此正与论画用笔同。"
[3] 见唐代骆宾王《咏鹅》。
[4] 见《晋书·列传第五十·王羲之传》。

诉诸视觉。"饮之太和，独鹤与飞。"春日苍穹，或蔚蓝如洗，或白云流走，孤鹤高飞，望之不过苔花大小。在没有望远镜的时代，立身苍茫大地，不仅能发现这天顶云端的"苔花"，还能辨认出是一只丹顶鹤，这肯定需要好眼力。

诉诸触觉。"犹之惠风，荏苒在衣。"惠风是不冷不热的微风，它轻柔地拂动袍袖，衣锦与皮肤轻轻厮磨。这需要敏锐的触觉，感知这似有还无的触摸。

诉诸听觉。试想那轻柔的惠风穿林抚叶，能发出多大声响？没有灵敏的听觉怎能听得到修篁清音？

不过凡事过犹不及。"冲淡"四言诗最后说"遇之匪深，即之愈稀。

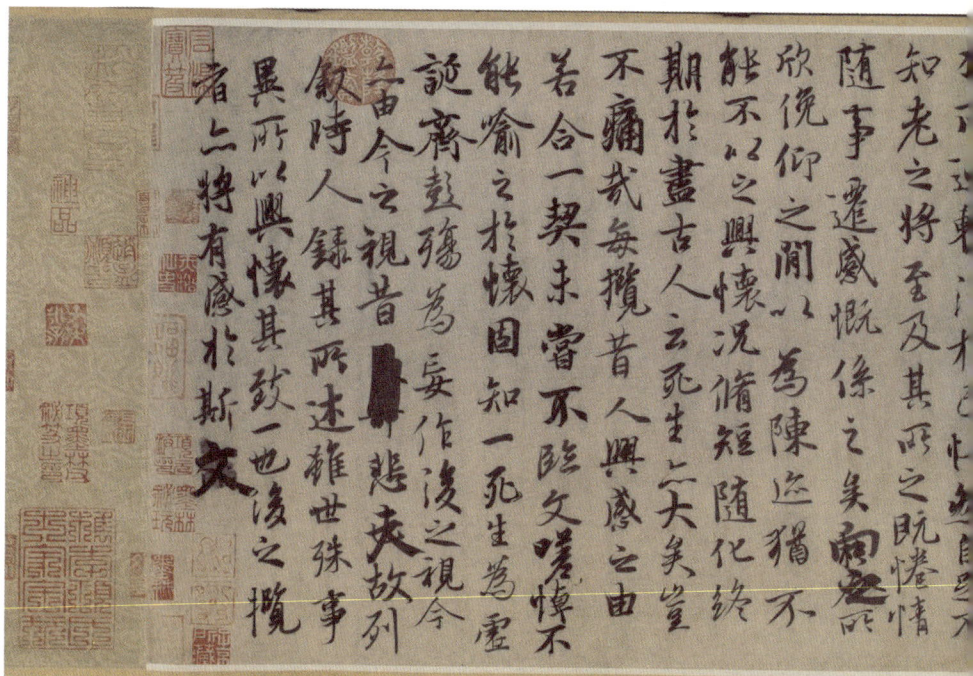

脱有形似，握手已违"，就是在提示我们千万别刻意为之、执相强求。

《列子·汤问》记载了纪昌向飞卫学习射箭的故事。飞卫要求纪昌把视力训练到"视小如大"的程度。于是纪昌用牛毛系住一只虱子悬挂在窗户上，远远盯着看，"三年之后，如车轮焉"。纪昌下苦功把感官训练到如此程度，自然可以成为神射手，但恐怕他就难以领略冲淡之美了……在纪昌眼里，虱子已如车轮大小，那么仙鹤头顶的红斑恐怕大得像座山了吧？这就是过犹不及。

冲淡之美同时是可遇不可求的。353年（东晋永和九年），王羲之与少长群贤兰亭集会，趁酒兴挥笔写就《兰亭序》。相传王羲之醒来后，惊讶于自己竟有如此神来之笔，改天奋笔疾书"数十百

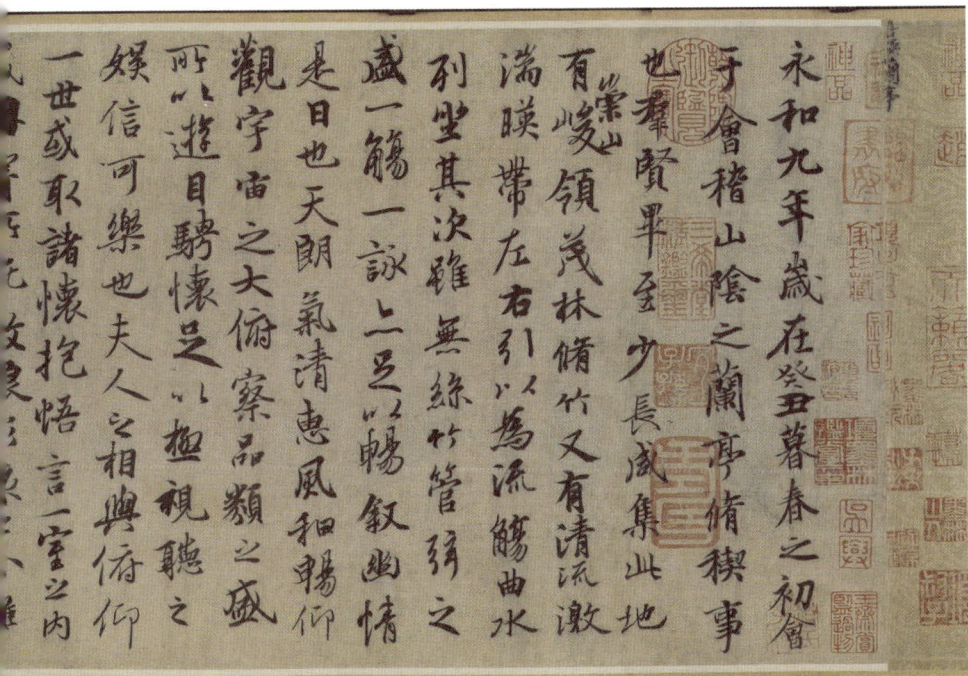

《兰亭序》（唐冯承素摹）　东晋　王羲之　北京故宫博物院藏

本"[1]，却再没有一本达到醉笔施墨的水准。你看，这"天下第一行书"对王羲之来说，都是"脱有形似，握手已违"的极限体验，书圣尚如此，寻常创作者又如何？

什么是"淡"？

冲淡是和雄浑并置的一对概念。雄浑之美相对好把握。冲淡之美则不然，稍不留神就流于淡而无味。

我以泰山作为雄浑之美的代表，冲淡之美的典范，我推荐杭州西湖。记得西湖申报世界遗产时，负责实地考察的是一位北欧专家。考察后，这位专家说："在我的家乡，像这样的湖有几千个。"

这位专家或许不懂汉语，更不了解中国传统文化。西湖之美，美在含蓄内敛，美在蕴含其中的文化积淀。若想领略它的美，不仅需诉诸感官，更要尽可能多地去了解西湖背后的传说、典故、文艺创作。比如驻足白堤时，除津津乐道许仙与白蛇相会断桥外，是否会想到白居易笔下的"乱花渐欲迷人眼，浅草才能没马蹄"[2]？徘徊苏堤上，能否吟诵苏东坡的赞美："欲把西湖比西子，淡妆浓抹总相宜？"[3]腹有诗书，眼前风景即为心头风景，自然生出几多感慨，无限快意。胸无点墨，任它西湖水光潋滟，南屏山色空蒙，怕是看起来都兴味索然。

---

[1] 见唐代何延之《兰亭始末记》。
[2] 见唐代白居易《钱塘湖春行》。
[3] 见北宋苏轼《饮湖上初晴后雨二首·其二》。

西湖让我念念不忘的一刻，是冬天的早上。我在北岸宝石山保俶塔旁远眺，晨雾氤氲，把对岸夕照山渲染得若隐若现，似有还无。眼前这番景象让我顿时明白，南宋画家米友仁的云山墨戏不是无来由的凭空想象，而是再现本就存在的真实风景。

九百年前，米友仁心无杂念，专注于用画笔捕捉西湖的云烟流动、晦明变幻……自然的神奇微妙，成就中国绘画史上著名的"米家山水"。"米家山水"又何尝不丰赡着西湖的文化积淀？白居易、苏轼、米友仁，冯梦龙《白娘子永镇雷峰塔》，鲁迅《论雷峰塔的倒掉》，一代代人次第形塑，叠化出西湖的冲淡之美。

什么是"冲"？

雄浑难解处在于"浑"，冲淡难解处在于"冲"。

什么是冲？不能将其简单理解为空虚的意思，它不是《道德经》里的"大盈若冲"。它是直上云霄的姿态，打破了寂寥沉静的动势，是平和中蕴藉的雄强。有"诗豪"之称的唐代大诗人刘禹锡，写过一首《秋词》：

> 自古逢秋悲寂寥，我言秋日胜春朝。
> 晴空一鹤排云上，便引诗情到碧霄。

万里晴空中的一只仙鹤，用自己凌云而上的行动击碎了秋日的寂寥，成为苍凉秋意中的一抹亮色。它不仅和四言诗里的"独鹤与飞"完美契合，也成为冲淡之"冲"形象鲜明的写照。

　　仍以西湖为例，她仅仅是柔美吗？她虽然自古歌舞不休，但也不乏铮铮铁骨经霜带雨的时刻。

　　看罢米家山水，我们可以去"曲院风荷"以北的岳王庙凭吊。高悬的"还我河山"匾额让人忍不住联想南宋名将岳飞的仰天长啸，壮怀激烈。花港观鱼后西行，有明朝名臣于谦的墓祠，青山荒冢收殓粉骨碎身，留下一缕清白在人间。从保俶塔走下来，还可以循着西湖北岸去孤山，瞻仰鉴湖女侠秋瑾之墓。这位巾帼英豪心比男儿烈，誓言"拼将十万头颅血，须把乾坤力挽回"[1]，三十二岁迎着秋风秋雨从容就义。

　　如此周游一番，转回头再来看这西湖水，不就是岳飞、于谦、秋瑾前仆后继、抛洒一腔腔热血化就的万顷碧涛吗？从岳王庙到秋瑾墓，这赓续不息的雄强正是调和西湖之淡的"冲"，让我们对西湖

---

[1] 见秋瑾《黄海舟中日人索句并见日俄战争地图》。

《云山墨戏图》　南宋　米友仁　北京故宫博物院藏

的冲淡之美有了更加深刻的认识：纵使大雪三日，西湖中人鸟声俱绝，雾凇沆砀，天地上下一白，但尘与土犹在，云和月不灭，落日湖畔，冰清玉烈，山林中仍有一条条磨折未泯的英雄路。[1]

◯ 寻宝小贴士

西湖： 位于浙江省杭州市。2007 年被评为国家 5A 级旅游景区，2011 年 6 月 24 日，"杭州西湖文化景观"被列入《世界遗产名录》。从 2002 年开始，杭州实行环湖公园景点免费开放。因此如果有可能，尽量选择在非假日前往游览，会对西湖的冲淡之美有更好的体验。

兰亭： 位于浙江省绍兴市西南的兰渚山下，是著名的历史古迹

---

[1] 此处化用三篇作品：明末清初张岱《湖心亭看雪》，传为岳飞作《满江红·怒发冲冠》，秋瑾《满江红·小住京华》。

和书法圣地。353 年上巳日（农历三月初三），王羲之特邀名士亲友在此聚会，饮酒赋诗，汇集成册，称为《兰亭集》。王羲之趁酒兴为之作序，写下"天下第一行书"《兰亭序》。兰亭现存园林建筑为明清遗迹，在 2013 年被国务院公布为第七批全国重点文物保护单位。

《兰亭序》： 王羲之书写的《兰亭序》，被誉为"天下第一行书"。原作在王氏家族内部流传，直到王羲之七世孙智永和尚。大约在隋唐易代之际，智永将这卷墨宝交付给弟子辩才。唐太宗李世民酷爱王羲之书法，相传大臣萧翼设计从辩才手中骗取了《兰亭序》，这就是有名的"萧翼赚兰亭"的故事。唐太宗命人将《兰亭序》临摹多件，而原作则成为他的陪葬，已不存于世。

《兰亭序》"神龙本"： 现在能看到的《兰亭序》唐代临摹墨迹本有所谓虞世南临本、褚遂良临本、冯承素摹本等。其中"冯承素摹本"因为是勾摹，一般认为比较接近真迹，所以最为有名。由于这卷摹本的卷首有神龙年号的印记，故又称"神龙本"或"神龙兰亭"。这件宝物现藏于北京故宫博物院。

3

纤秾之美

采采流水，蓬蓬远春。

窈窕深谷，时见美人。

碧桃满树，风日水滨。

柳阴路曲，流莺比邻。

乘之愈往，识之愈真。

如将不尽，与古为新。

流水泛着粼粼波光，春回大地，草木复苏，一派生机盎然的景象。行走在幽深的山谷中，时不时遇见美丽的人儿。

岸边碧桃成林，鲜艳的花朵开满枝头，微风和畅，日光明媚。曲折的小路两旁，嫩绿的柳枝万条拂摆，黄莺出没其间，鸣声清丽婉转。

创作者一旦捕捉到纤秾的情境感觉，一定要深入其中，作品就会越来越真切传神；同时师法古人，做到推陈出新，作品就会充满勃勃生机。

中和纤秾，不落俗套

战国末期的文学家宋玉写有一篇《神女赋》，其中说："振绣衣，被袿裳，秾不短，纤不长，步裔裔兮曜殿堂。"这句话的意思是：神女披着长袍，穿着短裙，穿宽松衣服不显矮，穿紧身衣服不显高，她的步伐轻盈，光彩照耀殿堂。这是将"纤"与"秾"并置比较早的例子。

既然是并置关系，为何后来习惯的是"纤秾"，而不是"秾纤"？

因为这两个字还具有时间上的先后关系。单独体会"纤"，其细小颇似晚冬时乍暖还寒，料峭中微微颤动的梅枝；至于"秾"，则浓润，像极了繁花凋谢、满目青绿的初夏。

因此纤秾之美体现于时间上是流动的：从早春时节"天街小雨润如酥，草色遥看近却无"[1]，一直持续到"暮春三月，江南草长，杂花生树，群莺乱飞"[2]。体现在视觉上：纤，细小孱弱；秾，厚重丰腴。当纤与秾调和在一起时，便形成中和之美。

再来通读这首四言诗，从"采采流水"直至"流莺比邻"，描绘的都是一派大好春光。季节指向鲜明，用词简单平易，如此一以贯之，在二十四首四言诗里是绝无仅有的。

如果这首四言诗只有前四句，那么纤秾之美，就像春天一样艳丽明亮、新鲜蓬勃。请想象一下春天里的碧桃满树、柳荫路曲，不

---

[1] 见唐代韩愈《早春呈水部张十八员外·其一》。
[2] 见南北朝丘迟《与陈伯之书》。

就是大红大绿吗？通俗得就像作家老舍在小说《新时代的旧悲剧》里描写的粮店铺面："各处都是新油饰的，大红大绿，像个乡下的新娘子，尽力打扮而怪难受的。"

可是"纤秾"不但位列二十四品，而且排在第三。这是为什么？关键在四言诗最后两句，"乘之愈往，识之愈真"和"如将不尽，与古为新"，为我们揭开了纤秾之美不落俗套的真谛。

一往情深：汤显祖写就《牡丹亭》

纤秾之美之所以不落俗套，有两个秘密。

第一个是一往情深。所谓"乘之愈往，识之愈真"，说的就是这点。这句话的意思是，我们既要欣赏早莺争树，新燕啄泥，看桃花流水鳜鱼肥，但也不能仅仅陶醉于大好春光里的鲜艳绚丽，还要突破这些表面现象，深入到心理层面，去把握"蓬蓬远春"中的真情实感。

因为只有用心用情，才能触摸到纤秾之美的底色。这底色是什么？是在面对生机盎然的"蓬蓬远春"时，体悟四季往复、生生不息，看透光阴暗把流年度，识破人生百岁如朝露。如此，表面的鲜艳与内在的深情交融一体，才完整构成了以华美富丽为特征的纤秾之美。

晚明戏曲传奇《牡丹亭》，就很好地揭示出一往情深的秘密。这部戏由汤显祖创作完成于1600年（明神宗万历二十八年），描写少女杜丽娘在梦中与书生柳梦梅幽会，醒来思念成疾，香消玉殒，之后在人神合力帮助下还魂复生，与柳梦梅历经磨难终成眷属的故事。

全本《牡丹亭》五十五出，我们不妨通过最有名的第十出"惊梦"来体会这一点。春日里，杜丽娘游园。望着画廊金粉半零星，池馆苍苔一片青，她不禁感慨："不到园林，怎知春色如许！"

那新鲜蓬勃的春色被汤显祖写得何其华美："遍青山啼红了杜鹃，荼蘼外烟丝醉软。""生生燕语明如翦，呖呖莺歌溜的圆。"女主人公的青春面貌、美好装束也跃然纸上："沉鱼落雁鸟惊喧，羞花闭月花愁颤"；"翠生生出落的裙衫儿茜，艳晶晶花簪八宝填"。

但最让人印象深刻的，还是一曲《皂罗袍》：

> 原来姹紫嫣红开遍，
> 似这般都付与断井颓垣，
> 良辰美景奈何天，
> 赏心乐事谁家院。
> 朝飞暮卷，云霞翠轩，
> 雨丝风片，烟波画船，
> 锦屏人忒看的这韶光贱。

荒凉残败的一座废园映衬着姹紫嫣红。废园暗示大好春光无人欣赏，流露出对韶华易逝的无奈。通读整部《牡丹亭》，就会发现汤显祖是用文辞绮艳、笔法绚烂的浪漫故事来反抗封建礼教对青春的禁锢。而解除禁锢、摆脱枷锁的钥匙，就在一个"情"字。

为何强调"情"字乃是关键！其实早在第一出"标目"里，汤显祖就已经明确告诉读者："白日消磨肠断句，世间只有情难诉。"又

如他在《牡丹亭记题词》中所说："情不知所起，一往而深。"

我读《牡丹亭》，总觉得犹如行走于风和日丽的水滨，感受着生生不息的"蓬蓬远春"。满纸璀璨却非流俗，深情款款而不放荡。正如汤显祖自己所说：

> 无情无尽却情多，情到无多得尽么？
> 解道多情情尽处，月中无树影无波。

与古为新：仇英绘制《汉宫春晓图》

四言诗最后一句"如将不尽，与古为新"，意思是通过向古人学习，为我所用，让勃勃生机绵绵不绝。它为我们揭示出纤秾之美不落俗套的第二个秘密，正是"与古为新"。

说到与古为新，苏东坡早就提示我们"发纤秾于简古"[1]，但知易行难。实践中，既学习古人，为我所用，又能达至纤秾之美的境界，令雅俗共赏者并不多。我想到仇英。

---

[1] 见北宋苏轼《书黄子思诗集后》。

《汉宫春晓图》（局部） 明 仇英 台北故宫博物院藏

沈周、文徵明、唐伯虎、仇英都生活在明代中期的苏州地区。他们在绘画史上被合称为"明四家"。前三人因为家庭环境相对优渥，从小受到良好教育，加上天纵其才，不独画艺高超，在诗文、书法等领域也都有精深的造诣。仇英，寒门子弟，出生年月不详，幼年失学，少年时做过漆工，天赋与机缘让他得以步入画坛。

不过在当时，一个人若能吟诗作文，再写得一手好字，哪怕只略通画理，也会被赞许成"游于艺"[1]的文人画家；相反，仅仅画艺精湛，但不擅诗书，往往会被鄙夷为不入流的"画匠"。

仇英不通诗文，字也写得很一般，只能在自家画作上简单签名盖章。尽管画风精工妍丽，很受欢迎，但按照明代文人的成见，他充其量就是一个高明的画匠。可有意思的是，晚明不遗余力鼓吹文人画的董其昌，也不得不承认仇英是"近代高手第一"。

仇英是怎样实现雅俗共赏，达到纤秾之美的境界呢？关键是他不但擅长临摹，更能师法古人，为己所用。明代大文学家王世贞

---

[1] 钱穆在《论语新解》中对"游于艺"做了自己的阐发："游，游泳。艺，人生所需。孔子时，礼、乐、射、御、书、数谓之六艺。人之习于艺，如鱼在水，忘其为水，斯有游泳自如之乐。故游于艺，不仅可以成才，亦所以进德。"

曾评价仇英："于唐宋名人画无所不摹写，皆有稿本，其临笔能夺真。"[1]正是这临笔夺真的本领让仇英深受收藏家青睐。在为众多收藏家临摹、复制唐宋名人画作的过程中，仇英潜心研习，绘画技艺突飞猛进。王世贞甚至认为，和仇英比起来，北宋大书画家米芾都"不足道也"。

精工妍丽的画风和与古为新的精神水乳交融，仇英的华美富丽画作因此百世流芳。传世至今的《汉宫春晓图》可以让我们领略他创造的纤秾之美。

这是一卷长达五米七的绢本重彩长卷，以"春日晨曦中的汉代宫廷"为题，描绘后妃、宫女、皇子、太监、画师等各色人物一百一十五人。如此多的人物或坐或立，错落有致，从事着种种活动：妆饰、插花、饲养、歌舞、弹唱、下棋、读书、观画……繁复的构图、精准的造型、行云流水般的运笔线条，能让我们看出仇英对张萱、周昉、李公麟等唐宋大画家的学习。人物彼此呼应，一切都热闹得恰到好处，又让我们感觉像在看一部张弛有度的电视剧。

工笔重彩手法，在唐宋盛极一时。仇英在临摹前人绘画的基础上，将这技巧推陈出新：《汉宫春晓图》以朱红色宫殿作为主背景，显得画面富丽堂皇，与之搭配点缀的青绿山水，线条劲朗，勾染冷艳，透着雅致清新的文人韵味。歌台暖响，舞殿冷袖，朱红青绿互为映衬；风雨凄凄，春光融融，冷色暖调相得益彰。[2]从而使整幅长卷显得既热烈活泼，又朝气蓬勃，为我们铺陈出宛若仙境般的鲜丽景象。

---

[1] 见明代王世贞《弇州四部稿·卷一百五十五》。
[2] 化用唐代杜牧《阿房宫赋》。

一卷《汉宫春晓图》，是仇英绘画艺术雅俗共赏的见证。展出时，有人啧啧称羡，画面何其长，人物何其多；有人绘声绘色，为亲朋好友讲述画工毛延寿如何陷害王昭君，逼她出塞和亲的传说……这，不就是"纤秾之美"的魅力吗？

◯ 寻宝小贴士

《牡丹亭》：《牡丹亭还魂记》简称《牡丹亭》或《牡丹亭记》，是明代剧作家汤显祖创作的传奇，与元代王实甫的《西厢记》、清初洪昇的《长生殿》、清初孔尚任的《桃花扇》合称为中国四大古典名剧。在当今戏曲舞台上，《牡丹亭》仍作为昆曲代表剧目频繁演出。《牡丹亭》节选也被收入人教版高中语文教材。

昆曲与中国昆曲博物馆：昆曲原名"昆山腔"，简称"昆腔"，发源于十四世纪的苏州昆山，是汉族传统戏曲中现存最古老的剧种之一。2001 年，联合国教科文组织评选全球第一批十九项"人类口述和非物质文化遗产代表作"，昆曲名列其中。在江苏省苏州市古城区的平江路历史街区里，有一座全晋会馆，其中的戏台格外奢华。全晋会馆现在被辟为中国昆曲博物馆，对公众免费开放。

《汉宫春晓图》：这是明代画家仇英创作的一幅绢本重彩长卷，目前收藏在台北故宫博物院。《汉宫春晓图》是仇英的代表作，被誉为中国"重彩仕女第一长卷"，也有人把它列入中国十大传世名画。

4

沉着之美

绿杉野屋，落日气清。

脱巾独步，时闻鸟声。

鸿雁不来，之子远行。

所思不远，若为平生。

海风碧云，夜渚月明。

如有佳语，大河前横。

　　树林里有间简陋的屋子，夕阳西下天清气爽。一个人脱掉束发的头巾，独自漫步，时不时听到鸟儿鸣叫。

　　没收到鸿雁传递的书信，挂念的人远在天边。但我们相处的一幕幕仿佛就在眼前，这足够抚慰我了。

　　海风吹动碧空里的云朵，明月照亮入夜沙洲。如果我拥有创作的灵感，一条大河就在我的面前横流。

　　无论是读古典的四言诗，还是看上面大致翻译出来的白话文，恐怕我们都会想，这些意象组合在一起，怎么就构成了沉着之美呢？

黄州东坡：大考验时平静从容

怎样从这首四言诗中理解沉着之美？我觉得需要抓住三个关键词：绿杉、脱巾、鸿雁。

二十四首四言诗里，"绿杉"只在此出现一次。杉树主干挺拔，四季常青。白居易说它"劲叶森利剑"[1]，有直上青天之势。不是苍松翠柳，也非红杏碧桃，那间野屋就搭建在高耸直立的杉树下。这绿杉分明是一位正直高洁之士孤独自守的写照。

脱巾，在这首四言诗的语境里，就是脱掉头巾的意思。古诗文中，脱巾往往与散发连用，比如金元之际大诗人元好问就曾填过一阕《念奴娇》，其中写道："脱巾石壁，散我萧萧发。"由此还可联想到李白曾慨叹："抽刀断水水更流，举杯消愁愁更愁。人生在世不称意，明朝散发弄扁舟。"[2]那么这首四言诗中脱巾独步的主人公，是否与李白一样，也有些消不去的愁、不称意的事呢？

再来看鸿雁。古代有鸿雁传书的故事，所以鸿雁在这里代指书信。鸿雁不来的意思就是没有收到书信。

绿杉、脱巾、鸿雁，把这三个关键词串联起来，在我们面前就会浮现出这样一幕景象：一位脱去头巾的高洁之士，漫步在绿杉野屋旁。他收不到别人的书信问候，孤独、忧愁，心中承受着不如意的压力。

---

[1] 见唐代白居易《栽杉》。
[2] 见唐代李白《宣州谢朓楼饯别校书叔云》。

他会是谁？每个人都会有不同的答案。

我联想到的，是经历了一场文字狱，险些送掉性命，最终贬谪黄州的苏轼。1080年（北宋元丰三年）大年初一，苏轼在官差押解下从京城出发，经过一个月长途跋涉，终于在二月初一到达黄州。

想当年科举时，才二十出头的苏轼雄姿英发，让宋仁宗开心地说："吾今日又为子孙得太平宰相。"[1] 谁料到二十年后，他竟沉沦为边远地区的犯官，甚至失去人身自由，只能暂住在山间破庙里。

当时苏轼给许多亲朋好友写过信，但都没有得到回复。用他自己的话说，就是："得罪以来，深自闭塞，扁舟草履，放浪山水间……平生亲友无一字见及，有书与之亦不答。"[2] 寓居黄州定慧院时，苏轼曾填过一阕《卜算子》，读来可见他那时正陷入极度忧愁、孤独的境地：

> 缺月挂疏桐，漏断人初静。谁见幽人独往来，缥缈孤鸿影。
>
> 惊起却回头，有恨无人省。拣尽寒枝不肯栖，寂寞沙洲冷。

让人敬佩的是，苏轼没有因此消沉。鬼门关头都走过的他，淡定从容。在如今湖北黄冈城东的山坡上，苏轼带领家人开垦了数十亩荒地。他还就此写过一首诗，题目就叫《东坡》：

> 雨洗东坡月色清，市人行尽野人行。
>
> 莫嫌荦确坡头路，自爱铿然曳杖声。

---

[1] 见南宋陈鹄《耆旧续闻·卷二》。

[2] 见北宋苏轼《答李端叔书》。

　　这便是苏轼自号东坡的由来。对比"沉着"四言诗，会发现，这两首诗在描写环境时有许多相似之处："雨洗东坡月色清"与"落日气清"的落脚点都在"清"，视觉上"野人行"同"野屋"都强调"野"，听觉上"曳杖声"和"鸟声"亦皆与这清野的氛围合拍。

　　所以在我心中，"沉着"四言诗里"脱巾独步"的主人公，正是高洁自守的苏东坡。他用自己的言行阐释了沉着之美的第一个要素，乃是经历人生大考验时，仍能保持平静从容。

大象渡河：磨砺心胸稳重前行

　　经历生死考验后，苏轼在黄州五年间，无论诗文还是书法，都

《黄州寒食诗》　北宋　苏轼　台北故宫博物院藏

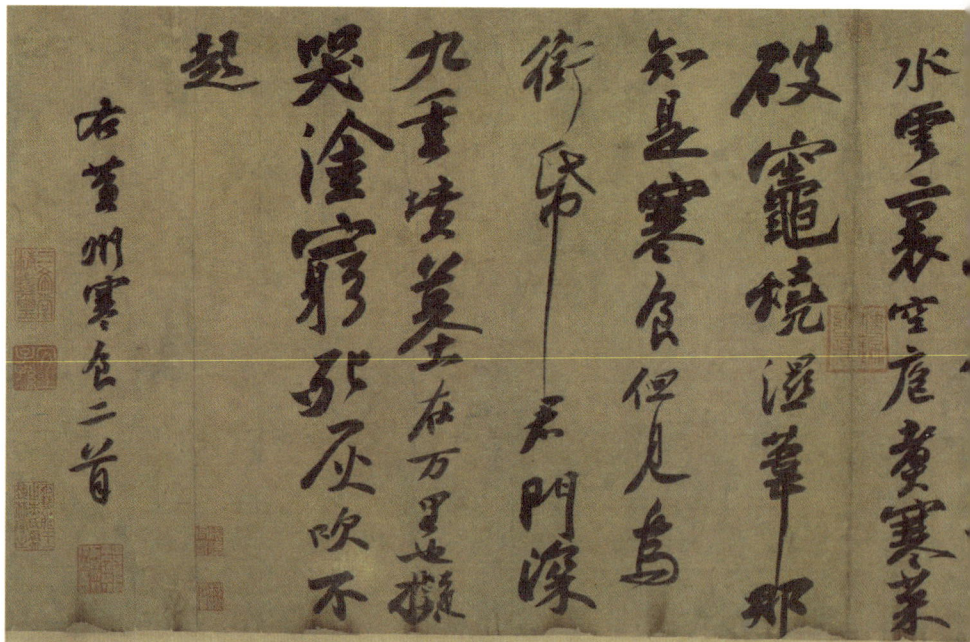

更上层楼——《寒食帖》、《念奴娇·赤壁怀古》、前后《赤壁赋》，这些中国文化宝库中的不朽经典，都普遍具有沉着之美的特点。用四言诗里的句子来形容，就是"海风碧云，夜渚月明"。

　　想象你正乘船航行在大洋上，海风若是浩荡的，碧空中的云朵则迅疾变化，海风一旦微弱下来，云朵似也静止了。故而海风决定着碧云须臾变化。如果把人的心胸比作自由而行的海风，情绪便似那碧云一般，再纷繁复杂的情绪变化都由自己的心胸操控。这种操控正是磨砺自己心胸的过程，非如此不可以行稳致远，非如此不可以创造沉着之美。《寒食帖》、《念奴娇·赤壁怀古》、前后《赤壁赋》正是苏轼磨砺心胸的体现。

　　以《赤壁赋》为例。在"夜渚月明"的环境下，面对客人"哀

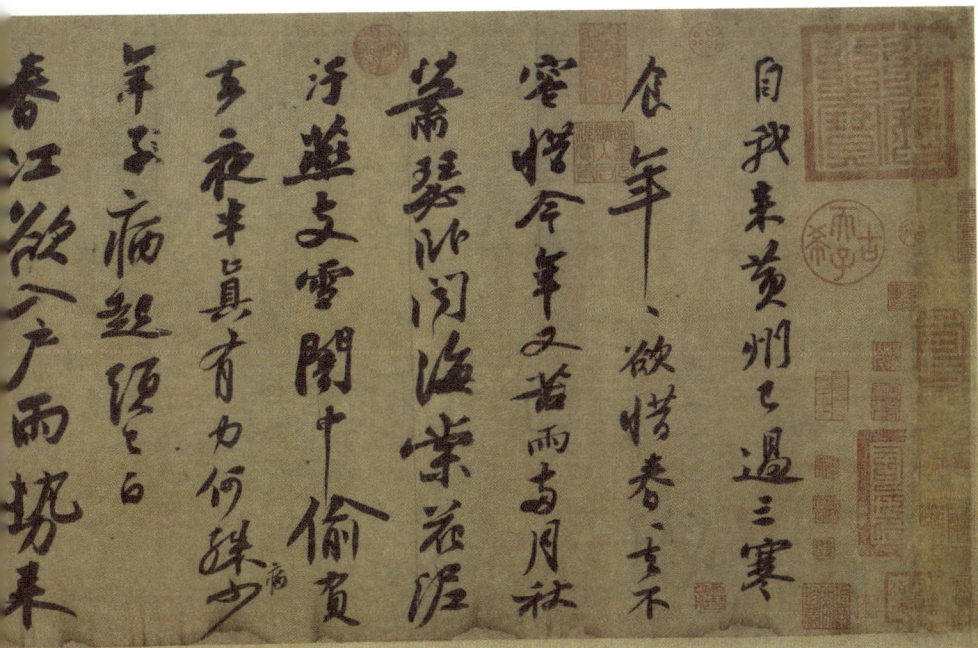

吾生之须臾，羡长江之无穷"人生无常的感慨时，苏轼能够从"水与月"出发，陈述自己的见解，用"逝者如斯，而未尝往也；盈虚者如彼，而卒莫消长也"的认识来宽慰对方。时间流逝就像这江水，其实并没有真正逝去；时圆时缺的就像这月亮，终究没有增减。如果从事物变化的角度看，天地的存在不过是转瞬之间；如果从不变的角度看，则事物和人类都是无穷尽的，不必羡慕江水、明月和天地。自然也就不必"哀吾生之须臾"了。如此豁达的宇宙观和人生观，不正是苏轼历经生死、磨砺心胸的体现吗？

而后，苏轼又从天地间万物各有其主、个人不能强求予以进一步说明，洋洋洒洒，给出圆满的回答：

> 且夫天地之间，物各有主，苟非吾之所有，虽一毫而莫取。惟江上之清风，与山间之明月，耳得之而为声，目遇之而成色，取之无禁，用之不竭，是造物者之无尽藏也，而吾与子之所共适。

客人的问题，苏轼的回答，都是面对"大河前横"时的表现。这四个字说的是，不论是苏轼式的创作者，还是客人式的欣赏者，我们每一个人都会面临生死关头的大考验，以及日常生活的种种波折。它们或如大河或如小溪，横亘在我们面前。

怎样才能渡过去？

有一个寓言故事：兔子、马、大象要去一个地方，需要过河。兔子够不到河底，浮在水面漂流；马过河，蹄子时不时触碰河底；大象则沉潜水中，一步步走过去。

最终，兔子、马、大象都到达了对岸。但兔子因为随波逐流，虽然上了岸，却不知道自己身在何处；马在水中浮沉挣扎，偏离了既定路线；唯有大象一步一个脚印，稳重前行，不仅渡过大河，还准确到达了目的地。

所以面对生活、创作中的种种困难，当需磨砺心胸，稳重前行。这是沉着之美的第二要素。苏轼，还有下面我将要讲到的一位先生，都是这种沉着之美最好的诠释者。体现沉着之美的，并不局限于一首诗、一处风景、一件艺术品，这种美更集中反映在创作者的身上。

潮州退之：人格魅力涵养正气

沉着之美第三个要素，是用人格魅力涵养出浩然正气。有什么恰切的案例呢？

广东潮州，韩江东岸，笔架山上，有韩文公祠。这里祭祀的是被誉为唐宋八大家之首的韩愈韩退之。819年（唐元和十四年），宪宗皇帝迎请法门寺佛指舍利到长安，无数百姓为此倾家荡产作为供奉，更有信众"焚顶烧指"[1]以示虔诚。韩愈不顾个人安危，毅然上书反对，惹得皇帝震怒。若不是群臣求情，他险些被处死。"一封朝奏九重天，夕贬潮阳路八千。"[2]韩愈被贬为潮州刺史，并被勒令立即离京，刻不容缓。

相比今日，一千二百年前的华南地区完全是另一个世界。那时

---

[1] 见唐代韩愈《谏迎佛骨表》。
[2] 见唐代韩愈《左迁至蓝关示侄孙湘》。

位于广东省潮州市的广济桥　乔鲁京/摄

的天气更加湿热，潮州城外的大河里甚至还有体长六七米的巨型鳄鱼出没，因此人们称其为鳄溪。韩愈赴任，抱着必死之心。南行路上，云横秦岭，雪拥蓝关，他向赶来送别的侄孙韩湘托付后事："知汝远来应有意，好收吾骨瘴江边。"[1]

实际上，韩愈在潮州不过八个月，但其间推动教育、兴修水利、驱除鳄鱼，做了很多惠济民生的好事。潮州此后也渐渐发展成岭南人文荟萃之地。感念韩愈的潮州人更鳄溪之名为韩江，把笔架山称作韩山。

今日潮州，韩江缓缓南流。高大的城墙沿西岸与江水平行，巍峨庄严的广济门城楼里，古老的市井繁华依旧。广济门外，江上横跨俗称"十八梭船廿四洲"的广济桥[2]。桥下江中，冥顽不灵[3]的巨鳄早已了无踪迹。渡江，登山。亚热带季风气候，让笔架山四

---

[1] 见唐代韩愈《左迁至蓝关示侄孙湘》。

[2] 因集梁桥、浮桥、拱桥于一体，广济桥被桥梁专家茅以升称为"世界上最早的启闭式桥梁"，与河北赵县的安济桥（赵州桥）、福建泉州的洛阳桥、北京丰台的卢沟桥合称中国四大古桥。

[3] 见唐代韩愈《鳄鱼文》。通常认为韩愈作此文劝诫鳄鱼"南徙于海"，实则鞭笞当时祸国殃民的藩镇大帅、贪官污吏。韩愈所见的鳄鱼应是现存体形最大的爬行动物——湾鳄，又名咸水鳄。湾鳄在潮州消失的原因，和一千多年来岭南地区的气候变化、人类高强度的开发活动有关。

时郁郁葱葱，把韩文公祠掩映得静谧幽深。由西至东，目力所及，老街古城、韩江与桥、笔架山上韩文公祠，缓缓舒展开一卷神州少有的壮阔景观。

黄昏，韩文公祠落花寂寂，深院无人。我走到苏轼撰写的《潮州韩文公庙碑》前，从"匹夫而为百世师，一言而为天下法"开始，读到最后一句"公不少留我涕滂，翩然被发下大荒"。如今回想，我愈发坚信自己的判断：沉着之美的第三个要素，是用人格魅力涵养出的浩然正气。

在《冲淡之美》里，我已讲过风景和文化积淀的关系。潮州卓绝的风景长卷，正是一千二百年来弦歌不辍、人文汇聚的成果，韩愈则是这处风景的开创者。不独风景，一首诗、一件艺术品之所以美，也与创作者的人格魅力息息相关。平静、稳重，是沉着之美的不同侧面，不断鼓荡的浩然正气才是它的灵魂所在。

寻宝小贴士

东坡赤壁：因苏轼的前后《赤壁赋》而得名的东坡赤壁，是湖北省黄冈市的标志性景观。2006 年，东坡赤壁被国务院公布为第六批全国重点文物保护单位。

潮州：位于广东省东部，是第二批国家历史文化名城。城内不仅有开元寺、已略黄公祠、许驸马府等名胜，也有许多明清古民居。潮州广济桥是国务院于 1988 年公布的第三批全国重点文物保护单位，韩文公祠在 2006 年被国务院公布为第六批全国重点文物保护单位。

5

高古之美

畸人乘真，手把芙蓉。

泛彼浩劫，窅然空踪。

月出东斗，好风相从。

太华夜碧，人闻清钟。

虚伫神素，脱然畦封。

黄唐在独，落落玄宗。

　　奇异之人手持出淤泥而不染的芙蓉花，他们不落世俗，契合天道，拥有真本领。这些奇人经历尘世劫难，留下缥缈的踪影，超越了时间与空间的限制。

　　月亮从东方升起，清风徐徐吹来。置身西岳华山，仰望墨蓝色的夜空，突然有钟声传来，打破万籁俱寂。

　　要想创作出高古意境的作品，创作者要伫立于无穷尽的时空中，做到在空间维度上超越疆界，时间维度上回到黄帝、唐尧生活的上古时代，融入玄妙之中。

什么是"高古之美"？

高，向上至于无穷尽处，是空间概念；古，回望至于亿万斯年，是时间概念。把高与古连缀在一起，表明创作者用心追求的是对时空极限的抵达乃至超越。

此处不妨先举一个知名度较低的人物——六舟和尚。六舟是活跃于十九世纪上半叶的僧人艺术家，善于制作金石器物的全形拓片。他曾经给一件公元前33年（西汉元帝竟宁元年）的雁足灯制作过全形拓，又请人把自己的形象画在灯上，取名《剔灯图》。

《剔灯图》　清　六舟和尚　浙江省博物馆藏　乔鲁京/摄

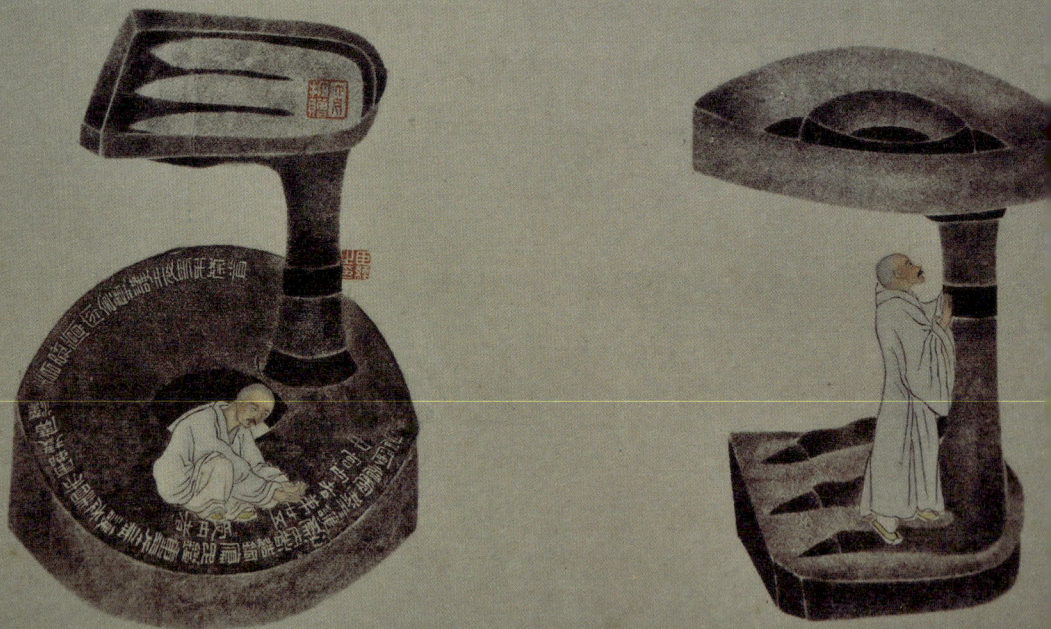

铜灯两千岁，六舟生年不满百，肉身与古物并陈，呈现的正是高古之美。《剔灯图》用前所未有的陌生感，提醒你我借由欣赏这种美，摆脱当下时空对自己身体的桎梏。谁能从这种桎梏中挣脱逃离出来，谁就是畸人。

什么是畸人？庄子说"畸人者，畸于人而侔于天"[1]，也就是那些不落世俗、与天道相合的奇异之人。

请继续看六舟和尚的《剔灯图》。在这张画里，你不会觉得原本置于案头的油灯被放大了，而是相信那个高度写实的人物被缩小了。为什么？因为画中的油灯是拓片——用扑子蘸上墨汁，把一盏真实的汉代油灯逼真、清晰地复制到纸面上。既然灯是真实物品的镜像，那么添加其上的设色小人儿就好比是漫威漫画里的蚁人，越写实，反倒越拉开了他和现实之间的距离。

与不朽金石实现超越时空的对话，是六舟和尚对自己的期许。他之所以会把这份期许投射在形象逼真、但在现实中绝不可能存在的小人儿身上，恐怕还是因为他相信这个小人儿有真本领（所谓"乘真"），能够"泛彼浩劫，窅然空踪"——超越时间（浩劫）与空间（窅然）。如此说来这个清理古灯的小人儿就是畸人，也就是高古的代言人。

那什么才是高古之美呢？在四言诗里描绘了相关的场景："月出东斗，好风相从。太华夜碧，人闻清钟。"请想象如果你在西岳华山这样的大山里留宿，夜深人静的时候来到户外，仰望墨蓝色的天空，

---

[1] 见《庄子·大宗师》，之后延伸出成语"畸人侔天"，意思是为人清高不流于俗。

位于河南省洛阳市的龙门石窟奉先寺卢舍那大佛　乔鲁京/摄

明月高悬云天，清风阵阵徐来，突然有钟声打破万籁俱寂，仿佛醍醐灌顶，洗礼你的灵魂。这，就是高古之美的意境。

再看最后四句诗，畸人持芙蓉花伫立于无穷尽的时空中（所谓"虚伫神素"），在空间维度上超越了疆界（所谓"脱然畦封"），在时间维度上回到黄帝、唐尧的上古，融入玄妙之中（所谓"黄唐在独，落落玄宗"）。从考古学上看，五千年前的新石器时代，与传说中的黄帝、唐尧活动时期大体相当，那是中华民族的孩提时代。当时彩陶上的纹饰，满是稚拙气息，如同六舟和尚对自己《剔灯图》的评价——"未免孩子气象。"这孩子气象，正是高古之美的特质。

高古之美如何构成？

也许你不满足于仅仅体会什么是高古之美，还想知道这种美是怎么构成的。那么接下来，我将以中国雕刻艺术的代表作为例，尝试为你做一番分别。

这是两尊大佛。一尊是河南洛阳龙门石窟里的奉先寺卢舍那大佛，一尊是山西大同云冈石窟里的第二十窟大佛。这两尊大佛分别雕凿于唐代和北魏，都是皇家工程，都是雕刻家严格遵循"三十二相"[1]的经典要求精心创作的结晶。如果将这两尊大佛并置，我问你哪尊体现了高古之美？恐怕你会毫不犹豫地告诉我：云冈大佛。

这是为什么呢？

首先，形成高古之美的前提是古老。云冈大佛更古老，比龙门大佛早了大约二百年。但古老并不等于高古，秦始皇陵出土的铜车马和兵马俑，比起云冈大佛还要早将近七百年，可感觉还是云冈大佛更具有高古之美的气质。

更可一提的是那位寄情于全形拓创作的六舟和尚，他的创作活跃期正值鸦片战争前后，《剔灯图》完成于1837年夏天，何以感觉同云冈大佛一样高古？诚然《剔灯图》里全形拓的雁足灯是两千年前的古物，但这只是《剔灯图》具有高古之美的前提，更重要的是灯上那个如蚁人般大小的"畸人"。六舟和尚用一世肉身与不朽金石的

---

[1] 指佛陀的应化身所具备的三十二种殊胜的容貌特征。

并置，实现了对时空极限的抵达乃至超越。这个小人儿和铜灯的组合，是艺术史上前所未见的首创。

所以，构成高古之美的关键是陌生化。

现在再来观察龙门大佛，脸庞丰腴，体态圆满，柔润的线条传递出一派安详，让你感觉温存亲切。对比看云冈大佛，高鼻深目、身躯结实，技法上雕刻线条格外硬朗劲挺，效果上同样安详，同样让你有亲近感，但同时又让你心生敬畏。这敬畏正来自陌生化。从历史学的角度讲，云冈大佛的创造者很可能来自西域，因此他们的创作具有异域风情，雕刻出的造像也就有了迥异于中原农业定居文明的草原气质、胡人面貌。

位于山西省大同市的云冈石窟第二十窟露天大佛　乔鲁京/摄

因此陌生化具有相对性。我相信在生长于草原环境游牧文明的人眼中，云冈大佛更熟络亲和，反倒是龙门大佛更陌生，更具有高古之美的气质。

陌生化又是不流俗的。在云冈石窟，无名雕刻大师一锤一凿的劳作，使得每个窟顶都有莲花盛开于石头之上。它们香远益清，让空气里弥散着高古的芬芳，召唤你我前往采撷。还记得"高古"那首四言诗的开篇吗？畸人"手把芙蓉"，这水芙蓉——莲花正是畸人出淤泥而不染、契合天道的象征。

写到这里，我不禁想起一位日本学者长广敏雄。他曾经前往山西大同，对云冈石窟做过详尽调查，留下了一本《云冈日记》。在日记最后，长广敏雄写道："逗留云冈的深夜，好几次都有错觉，恍惚从黑暗中传来无名工匠静静的微弱的凿音。"

云冈石窟开凿于460年到524年。如此说那凿音竟是穿越了一千五百年的声音，比"太华夜碧，人闻清钟"的声音还要绵长幽远。在我的头脑里，伴随这回荡不绝的凿音，云冈无名雕刻大师的形象与六舟和尚《剔灯图》里的自画小像叠合在一起。

听着微弱的凿音，我凝望畸人，许下小小的心愿：摆脱桎梏，步入大山深处，揽衣徘徊出户彷徨；抵达兰泽，远观田田莲叶与朵朵芙蓉；超越时空，泛舟游于赤壁之下，看对面人扣舷而歌。

寻宝小贴士

大同：位于山西省北部，是第一批国家级历史文化名城。历史上，这里曾是北魏首都平城，也是辽金两朝的西京。保存至今的古迹除了城郊的云冈石窟、方山永固陵外，还有城内的辽金巨刹华严寺、善化寺，此外北岳恒山、悬空寺等著名景观坐落在大同市下辖的浑源县境内。大同已开通多条高铁线路，以北京为例，最快不到两小时即可到达。

云冈石窟： 位于山西省大同市西郊。1961 年，国务院公布了第一批共计一百八十项全国重点文物保护单位，其中大同市拥有三项，分别是云冈石窟、华严寺、善化寺。云冈石窟主要开凿于北魏时期，是公元五世纪中国雕刻艺术的冠冕。2001 年，云冈石窟被联合国教科文组织列入《世界遗产名录》。

龙门石窟： 位于河南省洛阳市南郊。1961 年，被国务院公布为第一批全国重点文物保护单位。龙门石窟创建于北魏孝文帝从平城（今大同）迁都洛阳时，之后陆续开凿了四百多年，主体工程集中在北魏、唐代。除卢舍那大佛外，书法史上著名的"龙门二十品"，有十九方石刻保存于其中的古阳洞，大诗人白居易的墓地也在龙门石窟的保护范围内。2000 年，云冈石窟被列入《世界遗产名录》。

《剔灯图》： 六舟和尚曾创作多幅《剔灯图》，最著名的一幅收藏于浙江省博物馆。2014 年 10 月 25 日至 2015 年 1 月 25 日，浙江省博物馆曾在武林馆区举办名为《六舟：一位金石僧的艺术世界》的特展，并由西泠印社出版社出版了同题图录。

6

典雅之美

玉壶买春，赏雨茅屋。

坐中佳士，左右修竹。

白云初晴，幽鸟相逐。

眠琴绿阴，上有飞瀑。

落花无言，人淡如菊。

书之岁华，其曰可读。

这首四言诗文辞晓畅，只需侧重解说开篇的"玉壶买春"。

所谓玉壶，是酒壶的美称，李白有诗句："玉壶系青丝，沽酒来何迟。"[1] 这酒壶的材质可以是羊脂玉或碧玉，但茶圣陆羽说过"邢瓷类银，越瓷类玉"[2]，因此说这玉壶是单色釉的瓷壶也未尝不可。毕竟唐宋时，邢窑、定窑的白瓷，越窑、耀州窑、龙泉窑的青瓷，都是名品，其中上等货色皆是可和美玉等观的奇珍。

买春，指的是买酒。今天，白酒品牌里有剑南春。历史上称"春时作，至冬始熟"[3] 的酒为春酒。杜甫笔下"射洪春酒寒仍绿"[4]，白居易说"绿蚁新醅酒"[5]，可见蒸馏酒还没普及时，酒可以是绿色的。如此说来，相较碧玉或青瓷，用羊脂玉或白瓷质地的盛酒器，或许更能反衬出"酒色半澄春后绿"[6] 吧？

另可一提的是，从北宋开始，很多窑厂开始定型烧制一种撇口、细颈、垂腹、圈足的瓷瓶，称为玉壶春瓶。它一开始是实用的酒器，到元代转变为陈设器，沿袭至今成了中国瓷器里的典型器型。

---

[1] 见唐代李白《待酒不至》。
[2] 见唐代陆羽《茶经》。
[3] 见唐代李善《文选注》。
[4] 见唐代杜甫《野望》。
[5] 见唐代白居易《问刘十九》。
[6] 见南宋华岳《除夜二首·其二》。

茅屋佳士：给你一把钥匙

弄清楚什么是"玉壶买春"后，我们再来阅读"典雅"四言诗。前两句构成了一个场景：竹林间有一座茅屋，其中坐着的人风度翩翩，一边喝酒，一边欣赏雨景。和如此雅致的诗意相近的画面，我们可以欣赏收藏于辽宁省博物馆的手卷《盆菊幽赏图》，这是明代大画家沈周的名作。徐徐打开画卷，右侧是较为平坦的临河坡岸，树木掩映下，有一座茅亭，亭中三人端坐，正饮酒赏菊，另有童仆站立，手持酒壶。

画面中央是三棵彼此呼应的高树，另有一株斜斜地伸向水面。它们和茅屋里的三位高士、一个童仆形成了微妙的对应关系。树仿佛成为人格化的象征。当然《盆菊幽赏图》中少了"左右修竹"，是否下雨也未可知，但整体意境应该说和"典雅"四言诗前两句基本相符。

表面看，我们只是由诗歌联想到画面，实际上是把文学和绘画贯通起来。至迟从宋代开始，中国艺术家就提出"诗是无形画，画是有形诗"[1]，又有"画为无声诗，诗为有声画"[2]的说法。这说明先贤在审美中努力尝试沟通视觉和听觉两种感官。

这种审美方法就是通感，或者叫移觉。它是将人的视觉、听觉、

---

[1] 见北宋张舜民《跋百之诗画》，比之稍晚的郭熙在《林泉高致》中说："更如前人言：'诗是无形画，画是有形诗。'哲人多谈此言，吾人所师。"
[2] 见南宋施元之《注苏诗》。

嗅觉、味觉、触觉等不同感觉互相沟通交错，彼此转换挪移。通常情况下，雅致之感更细微，更需要欣赏者充分调动自己的各种感官去捕捉。所以在欣赏典雅之美时，通感运用得也最为充分。

不妨再来看"典雅"四言诗的中间两句。由"白云初晴"可知，场景为之一变，其实也有传世名画与之暗合。这就是天津博物馆的镇馆之宝，明代大画家仇英的代表作《桃源仙境图》。

这是一张大立轴，构图取法北宋全景式山水，通幅青绿，色彩古艳，巍巍乎高山，潺潺兮流水，峰峦起伏，相伴白云缥缈，仙山琼阁若隐若现。画中人物集聚于左下方近景处，所占比例虽不大，但俱穿白衣，显得格外突出醒目。只见三位高士临溪而坐，一人抚琴，一人低首聆听，一人身倚石岩，挥舞右臂，仿佛正陶醉于乐曲中。就连提篮的童子似乎也为琴声所感动，静静伫立，若有所思。

你看，无论是"典雅"四言诗的前四句，还是与之呼应的两幅

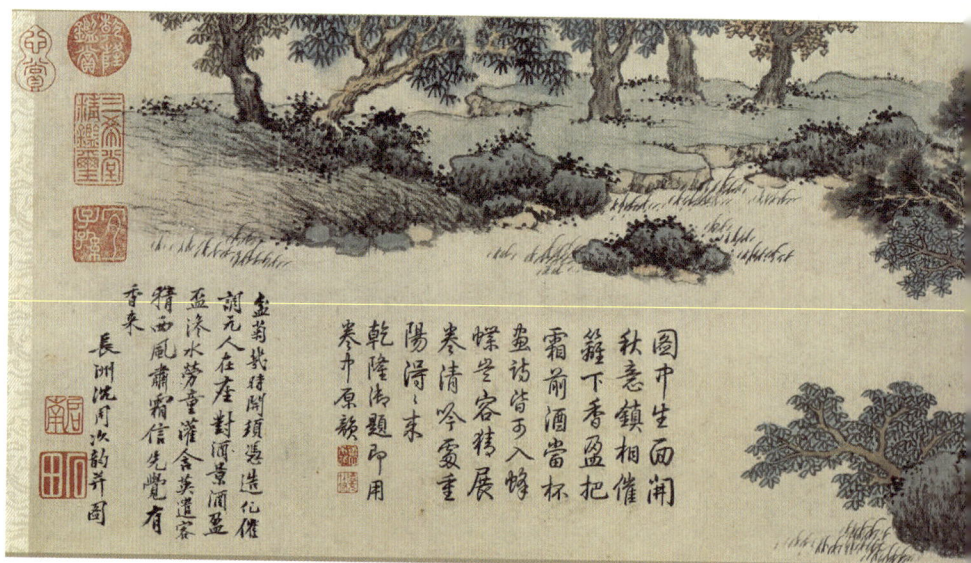

名画，我们在欣赏的过程中都充分调动起自己的各种感官。视觉和听觉之外，开篇"玉壶"二字，如果能联想到"一片冰心在玉壶"[1]，那么会诱发触觉；春酒的滋味可以刺激味蕾；雨中的竹林、飞瀑下的树丛，又能唤醒我们的嗅觉记忆……当所有的感官贯通联动起来，我们的审美体验才更丰富圆满。

所以说通感是帮助我们更好地理解典雅之美的一把钥匙。

眠琴绿阴：找到锁头推开门

为何是典雅，而不是高雅、优雅、秀雅？关键在"典"字，我们可以将其理解为典故。简单说，典雅之美就是一种能够讲出故事来的雅致的美。

[1] 见唐代王昌龄《芙蓉楼送辛渐·其一》

《盆菊幽赏图》　明　沈周　辽宁省博物馆藏

如果把体悟典雅之美比作开启一扇门，而通感是钥匙的话，那么"典"——典故就是这扇门上的锁头。例如"典雅"四言诗里提到的"眠琴"，也就是在树下横陈古琴而不弹。为何不弹？从字面看，前有幽鸟相逐，后有飞瀑直落，无不传递了声音之美。

幽鸟相逐，可以让我们想到南朝诗人王籍《入若耶溪》里的名句——"蝉噪林逾静，鸟鸣山更幽。"雀鸟追逐，叽叽喳喳，反衬出环境的清幽。上有飞瀑，纵然没有直下三千尺，捣出奔雷声，至少也是山泉泠泠化作白练淙淙。有这些声音相伴，古琴自然横陈不弹了，难怪两宋之际的刘洪道会说"放眼观

《桃源仙境图》 明 仇英
天津博物馆藏

飞瀑，枕流听素琴"[1]。

素琴又是什么呢？这其中的典故来自大诗人陶渊明。史书记载他不通音律，但收藏了一张"素琴"——琴上没有丝弦，也未镶嵌标记音位的徽志。每当和朋友饮酒聚会时，陶渊明都会拿出这张琴，一边轻轻抚摸，一边唱和："但识琴中趣，何劳弦上声。"[2]这就是无弦琴的典故，有闲适归隐的意蕴。流传下来，到了南宋，诗人饶延年写了一首诗，题目索性就叫《无弦琴》：

> 月作金徽风作弦，清音不在指端传。
> 有时弹罢无生曲，露滴松梢鹤未眠。

因此在我看来，"眠琴绿阴"岂止不弹，更是无弦而不能弹。"眠琴绿阴，上有飞瀑"，这是一幅有声无形的画。以通感为钥匙，找到无弦琴的典故，开锁推门，我们又会欣赏到怎样的典雅之美呢？

这一刻，我想到的是古琴曲《流水》。《流水》起首之音，忽隐忽现，恍惚置身《桃源仙境图》里层云飘忽的高山之巅。接着节奏渐趋明快，清澈的泛音听来切切铮铮，正所谓"水声潺潺而泻出于两峰之间"[3]。继而旋律跌宕如狂风猛浪，"息心静听，宛然坐危舟过巫峡，目眩神移，惊心动魄，几疑此身已在群山奔赴、万壑争流之际矣"[4]。随后音势大减，恰似轻舟已过万重山。曲末，又闻流水鸣溅溅。一曲终了，让你忍不住感慨："世间行乐亦如此，古来万事

---

[1] 见宋代刘洪道《观鹅山飞瀑》。
[2] 见《晋书·列传第六十四·陶潜传》。
[3] 见北宋欧阳修《醉翁亭记》。
[4] 见杨宗稷《琴学丛书》。

东流水。"[1] 孔子说: "智者乐水, 仁者乐山; 智者动, 仁者静; 智者乐, 仁者寿。"[2] 我听《流水》, 信哉斯言!

很多古琴名家都录制了《流水》。我们可以听一听管平湖先生的版本。1977年美国发射 "航行者号" 无人太空船, 其上携带了一张喷金唱片, 据说就收录有管先生弹的《流水》。相传管先生弹《流水》用的古琴叫 "飞瀑连珠"。如果传闻属实, 那么这个名字和 "眠琴绿阴, 上有飞瀑" 刚好形成了完美的呼应。

落花无言: 时间流逝是催化剂

找到锁头推开门。门外绿荫飞瀑, 门内落花流水。这里面隐含着一个转折, 也就是李煜《浪淘沙令》里的名句: "流水落花春去也, 天上人间。" 从中既可以联想到 "逝者如斯夫"[3], 又不禁感慨天上一日, 人间一年。这个转折揭示出的时间流逝, 在 "典雅" 四言诗里表现为 "落花无言, 人淡如菊", 也就是秋风寒露百草摧折之际, 兀自绽放的菊花已然一副铁骨经霜的老态。

所以欣赏典雅之美, 不但需要使用通感的方法, 需要了解典故, 更应该明白时间流逝是形成典雅之美的催化剂。当这种催化剂作用于艺术品, 会发生怎样的 "化学反应" 呢?

我们去看各式各样青铜器时, 总觉得青绿色应该是这些器物原

---

[1] 见唐代李白《梦游天姥吟留别》。
[2] 见《论语·雍也》。
[3] 见《论语·子罕》。

本的色泽。殊不知所有青铜器在铸造问世之初，都闪耀着金灿灿的光芒。2003年1月，在陕西眉县杨家村，五位农民意外发现一个密封的土窑，里面安放了二十七件青铜器。他们不贪心，随即向政府报告，成全了中国考古史上极为重大的发现——杨家村青铜器窖藏。这批国宝如今收藏在陕西的宝鸡青铜器博物院。如果你去参观，会惊讶地发现它们大多没被完全氧化，仍依稀保有灿若黄金的初颜。

这是催化剂失效的罕例，但绝大多数艺术品都没这么幸运，只能默默承受着光阴流转带来的光泽黯然。其中雅致者，若与时间流逝相处得宜，就会催化出"落花无言，人淡如菊"的典雅之美来。

我接下来想要和你分享的案例来自重庆市大足区。大足石刻名扬天下，宝顶山、北山、南山、石篆山、石门山等摩崖造像各有特色，其中的北山第136号转轮经藏窟更被誉为"中国石窟艺术皇冠上的一颗明珠"。

南宋初年，当地军政负责人带头出资开凿这座石窟。来自今天河南禹州一带的工匠胥安等人，一锤一凿，用了五年时间（1142—1146年），先在砂岩中掏出一个深6.79米、宽4.1米、高4.05米的平顶长方形洞窟，又继续精雕细刻出二十多尊精美绝伦的造像：静静站立的如意珠观音和数珠手观音恬淡高雅；盘膝而坐的玉印观音和日月观音端庄优雅；端坐于狮子、大象上的文殊、普贤二菩萨娴静秀雅。

我们今天仔细观察，还能隐约看到这一堂雕像曾经敷有绚丽色彩。是的，在这座石窟的开凿题记中，留下了"镌刻妆彩"的说明。可想而知这些雅致的造像在问世之初是鲜艳绮丽的，工匠们力图营造的是华美缤纷的视觉效果。

但八百多年的光阴把淡妆浓抹于各尊造像上的五颜六色几乎消磨得一干二净。华彩卸去，造像纷纷显露出灰白色的砂岩质地，出落成"人淡如菊"的典雅。这种显现是动态的平衡。这种质地对今天的我们来说，在视觉感受上是如羊脂玉的色泽。倘若此刻我们再拾起通感这把钥匙，就会形成温润如玉的触觉假象。

时间的流逝，缓缓洗去华丽绮艳；时间的催化，让重庆大足北山第136号窟生发无限的典雅之美。凝望这座砂岩雕凿的殿堂，我深信"落花无言，人淡如菊"才是"典雅"四言诗的诗眼所在。

至于这首四言诗最后说"书之岁华，其曰可读"，意思是把这样的佳境书写下来，值得欣赏品读。是啊，拿起钥匙，转动锁头，推开门，面对时间流逝催化生成的典雅之美，我们自然可以从容赏读。

寻宝小贴士

古琴艺术： 通过早期文学作品和考古发现，可知古琴在中国已有三千多年的历史。传统中国文人强调的素质修养有"琴棋书画"之说，古琴位居其首，可见它和中国文人有着密不可分的关系。古琴有七根弦、十三个徽，通过十种不同的拨弦方式，演奏者可以演奏出四个八度。2003年，古琴艺术被联合国教科文组织列为第二批"人类口述和非物质文化遗产代表作"，成为中国继昆曲后第二个列入世界非遗名录的项目。

杨家村青铜器窖藏： 杨家村位于陕西省宝鸡市眉县的马家镇境内。1955年、1972年、1985年这里曾三度发现西周铜器窖藏。2003

年初当地五位农民在取土时，又发现距今两千七百多年前的西周晚期青铜重器窖藏。2006 年，杨家村遗址被国务院公布为第六批全国重点文物保护单位。

宝鸡青铜器博物院： 宝鸡境内包括杨家村在内的大多数出土青铜器都保存展陈于宝鸡青铜器博物院。这是中国规模最大、等级最高的青铜器博物馆。最早出现"中国"字样的何尊就是这座博物馆的镇馆之宝。宝鸡通高铁，从西安乘高铁前往宝鸡约需一个小时。

大足石刻： 散布于重庆市大足区境内，体现了公元九世纪至十三世纪中国石窟艺术的最高成就。其中最具代表性的五个地点（北山、宝顶山、南山、石门山、石篆山）在 1999 年以"大足石刻"的名义，被列入世界文化遗产。目前从重庆主城区到大足已经开通高铁。此外，对雕刻艺术感兴趣的朋友还可以去与大足毗邻的四川省安岳县，那里的众多石刻和大足石刻一样精彩。

北山摩崖造像： 位于大足老城区以北两公里的北山上。早在1961 年就被国务院公布为第一批全国重点文物保护单位。其中的第136 号转轮经藏窟是国宝级石窟。国家邮政局在 2002 年发行过一套《大足石刻》特种邮票，四枚邮票中有两枚邮票表现的对象来自这一窟，可见其艺术价值之高。

7

洗炼之美

如矿出金，如铅出银。

超心炼冶，绝爱缁磷。

空潭泻春，古镜照神。

体素储洁，乘月返真。

载瞻星辰，载歌幽人。

流水今日，明月前身。

　　洗炼就像是从矿石中提炼、萃取金银。秉持一颗超越世俗的心去创作，坚持高洁的操守，摒弃种种杂质。

　　一潭碧水寂静无波，清澈到仿佛空无一物，映现出无限春光；用磨镜药处理古老的铜镜后，镜中的神采格外明晰，焕然一新。创作者高洁素朴，自然能拥有纯真的创作心态。

　　仰观满天星辰，歌唱隐士高人。活泼泼的流水，好似创作者正在进行的"洗炼"创作，皎洁的明月勾起我们对前世今生的喟叹。

为什么是"洗炼"，而不是"洗练"？"练"，指的是把生丝煮熟，使之柔软洁白的过程。"炼"，在"洗炼"四言诗开篇就已交代，这是一个"如矿出金"的过程，需要先磨碎淘洗矿石，再用水银"咬金"。所谓咬金是一种物理还原法，利用水银能和黄金溶解的特点，将黄金与矿砂分离，之后火烧剧毒的水银，从而提炼出纯金。

至于"如铅出银"，说的是由于铅、银生成的地质条件相似，所以常见的是含银方铅矿。先秦古籍《管子》里就有"上有铅者，其下有银"的记载。此外在炼银的过程中也会加入铅，以此实现银的富集，之后再用灰吹法提纯。

用"超心冶炼"，结果是"绝爱缁磷"。缁是黑，磷是薄，缁磷连用，指的是杂质，引申为操守不坚贞。这一句的争议在于人们对"绝爱"的理解。"绝爱缁磷"是毅然斩断爱怜的情丝，还是喜欢到爱屋及乌？有人说，只要心超凡脱俗了，不美也会变美，因此连缁磷这样的杂质看上去也会很可爱。我不同意这种说法，坚持摒弃杂质、斩断情丝的观点。

那么如此一番洗炼，得到的是怎样一种美呢？我想从"静、净、柔"这三个关键字展开解说。

静：空潭泻春，静水流深

所谓静，也就是"洗炼"四言诗中描述的"空潭泻春"。一潭碧水寂静无波，清澈到仿佛空无一物的程度，从中折射映现出无限春光。

空潭何以不起波澜？因其深。如李白《赠汪伦》所说"桃花潭水深千尺";如世界上最深的湖泊贝加尔湖,最深处超过一千六百米。

空潭何以有如无物?因其清。如李白《清溪行》所说"人行明镜中,鸟度屏风里";如被誉为"西伯利亚蓝眼睛"的贝加尔湖,平均湖水透明度四十米。

深与清,成就洗炼之美的第一重特质,静。

怎样用深与清洗炼出静?答案就在四言诗中:"体素储洁,乘月返真。"像仙人一样洁净无垢,乘着月光返归自然,如此便可达到洗炼之静。

谁能做得到?我想起一位奇人逸士,元代大画家倪瓒。

倪瓒号云林,多才多艺。他家境优渥,建有清閟阁,专门用来收藏文献典籍和书法名画。在这座私人图书馆兼美术馆中,倪瓒沉浸于"超心炼冶"的修为。

他研习书法,写的字古淡天真,是元代顶级书法家。他吟咏诗词,作为元代顶级诗人,留下许多迷人的诗句:"照夜风灯人独宿,打窗江雨鹤相依。"[1] "深竹每容驯鹿卧,青山时与道人行。"[2] "客有吴郎吹洞箫,明月沉江春雾晓。"[3]……

最了不起的,是他用极疏淡的笔墨,营造出一水两岸式的构图,开创了中国山水画的全新面貌。无论是北京故宫的《秋亭嘉树图》、台北故宫的《容膝斋图》,还是上海博物馆的《渔庄秋霁图》,这类经典的"云林图式"都是一水两岸。前岸坡石堆垒,几株高树挺拔,

---

[1] 见元代倪瓒《寄卢士行》。
[2] 见元代倪瓒《送徐子素》。
[3] 见元代倪瓒《凭阑人·赠吴国良》。

《秋亭嘉树图》　元　倪瓒
北京故宫博物院藏

对岸汀渚迂回，远方山丘层叠。

让人击节叹赏的是，倪瓒不画流水波纹，完全靠两岸的笔墨线条围合出中间的"空"，以此形成观看者对于水何其深、何其清的想象。虽无一笔着墨波浪，却尽得空潭泻春之感。每次看倪瓒不费一笔、不着一墨"画"出的水，都让我生出静水流深之叹，又不免想到萨迦班智达·贡噶坚赞在《萨迦格言》里写下的名篇：

　　知识浅薄的人很骄傲，
　　学者却谦逊而有礼貌；
　　溪水经常哗哗响，
　　大海从来不喧嚣。

相较空水，倪瓒画作中更奇特的地方是空亭。他往往在前岸画一个小亭子，但永远都是"亭下不逢人"[1]，空空荡荡。都说"空山不见人，但闻人语响"[2]，他是空亭不逢人，但闻逸事多。

有关倪瓒的逸事大多和洁癖有关。

---

[1] 见明代王恭《倪云林画》。
[2] 见唐代王维《鹿柴》。

他的洁癖甚至在中国历史上都出了名。每回洗手洗脸，要"易水数十次"。童子荷担挑水，两桶水一前一后，他只肯用前面的一桶水泡茶喝。他会安排人反复刷洗院子里栽种的梧桐树，因而此后七百年间，在中国画创作中形成了一个著名的题材，就叫"云林洗桐"。从明清直到当代，众多画家乐此不疲地再现这个主题。

当然，倪瓒的"体素储洁"并不局限于洁癖，更在其品行高洁。他仗义疏财，乐善好施，关心民生疾苦。虽是江南首富出身，但批评苛政猛于虎，看得到"民生惴惴疮痍甚"[1]。他不慕强权，不阿附权贵，你很难想象下面这阕《折桂令》出自他的手笔：

> 草茫茫秦汉陵阙，世代兴亡，却便似月影圆缺。山人家堆案图书，当窗松桂，满地薇蕨。
>
> 侯门深何须刺谒？白云自可怡悦。到如何世事难说，天地间不见一个英雄，不见一个豪杰！

空水，空亭，空空如也天地间。由此可以推论倪瓒是一个"体素储洁"的艺术家。从品行到创作，一以贯之的高洁、对人世间的大悲悯，都体现了他的清与深。反映在作品上，便是一水两岸式的"静水流深"。因而，我认为倪瓒是洗炼之美第一重特质——静的绝佳代表。

净：古镜照神，洗净铅华

所谓净，也就是"洗炼"四言诗中描述的"古镜照神"。一些评

---

[1] 见元代倪瓒《寄顾仲瑛》。

论家读到"古镜",马上联想锈蚀斑驳,进而推断这面老旧的镜子已经朦朦胧胧,不能把人照得毫发尽现,于是全赖想象力来"照神"。

我不这样看。

试问古镜的材质是什么?不论《二十四品》的作者是谁,在他所生活的时代里用的都是三千年间材质不变的铜镜。那么古老的铜镜如何才能照神?唐朝诗人贾岛说:"新诗不觉千回咏,古镜曾经几度磨。"[1]怎样磨?晚明高僧憨山德清传下语录:"持咒观心,如磨镜药。尘垢若除,此亦不着。"[2]这就牵涉到中国古代科学技术史中讨论的"磨镜药"。

简单说,磨镜药就是"玄锡"。古人用它来对铜镜表面进行防锈和反光处理。铜镜未磨前,就像刘禹锡说的"流尘翳明镜,岁久看如漆"[3]。磨好后,便似白居易那般"一与清光对,方知白发多"[4]了。总之,如陆游所讲"磨镜欲其明"[5],是这个过程希望达到的效果。

古镜利用磨镜药"洗炼"后,应该是明晰、洁净、焕然一新的,这样的古镜所照出的神采也是纤毫毕现的。这就是洗炼之美的第二重特质:净。

接下来,我要把黄山视为一面古镜,把倪瓒当作磨镜药,帮助古镜洗净铅华的,是一位幽人。这位幽人俗家姓名江韬,生活在明清易代之际。他参加过抗清运动,失败后于三十八岁出家为僧,法

---

[1] 见唐代贾岛《黎阳寄姚合》。
[2] 见明代憨山德清《观心铭》。
[3] 见唐代刘禹锡《磨镜篇》。
[4] 见唐代白居易《新磨镜》。
[5] 见南宋陆游《杂兴·涤砚欲其洁》。

名弘仁，号渐江。

弘仁是新安画派的创始人。在中国绘画史上，和八大山人、石涛、髡残并称为清初四僧。他是安徽歙县人，得地利之便，以黄山作为自己最主要的创作对象。所以我才会说黄山是弘仁手中的那面古镜。

为何又要说倪瓒是磨镜药呢？因为在绘画风格上，弘仁对三百年前的倪瓒情有独钟，"岁岁焚香供作师"[1]。可贵的是，他对倪瓒的学习，不是陷于一水两岸的云林图式无法自拔，而是像炼矿工人咬金、灰吹般，从荒凉寂寞的江南水乡里把倪瓒天真疏淡的笔墨线条，成功地提炼出来，进而用于对黄山的描写中。

无论是去天津、上海看《松溪石壁图》《黄海松石图》，还是在北京故宫欣赏《西岩松雪图》，站在弘仁笔下的黄山前，时间都仿佛被冻住，停滞下来。你能感觉到他的每一笔都不疾不徐从容写来，没有太多的点染皴擦，画面空灵而充实，传递出隽永纯净的气息。难怪大众更熟悉的画家石涛曾说弘仁"游黄山

---

[1] 见清代弘仁《偈外诗》。

《松溪石壁图》 清 弘仁 天津博物馆藏

最久，故得黄山之真性情也，即一木一石，皆黄山本色"[1]。

弘仁以黄山为古镜，以倪瓒为磨镜药，照出洗炼之美的第二重特质——净的神采。

柔：何意百炼刚，化为绕指柔[2]

所谓柔，不是没有内涵风骨的柔媚，而是蕴蓄刚强的绕指柔。为了说明这一点，我想和你分享桂林山水的风景。

在中国艺术史上，有一个很有意思的现象：随着时间的推移，诗歌、绘画表现的风景，逐渐从中原向南方推进。这和经济中心的南移有着密切的关系。且让我们随着历史发展的脉络南行，去看广西桂林一带的风景。1983年，桂林文物部门在独秀峰清理出一方此前未曾发现的摩崖石刻，南宋诗人王正功的七律《嘉泰改元桂林大比与计偕者十有一人九月十六日用故事行宴享之礼作是诗劝为之驾》因此重见天日：

> 桂林山水甲天下，玉碧罗青意可参。
> 士气未饶军气振，文场端似战场酣。
> 九关虎豹看劲敌，万里鹍鹏矴剧谈。
> 老眼摩挲顿增爽，诸君端是斗之南。

由此我们方才知晓"桂林山水甲天下"的说法始于南宋，但这片

---

[1] 见清代石涛跋弘仁《晓江风便图》。
[2] 见西晋刘琨《重赠卢谌》。

风景真正进入艺术家们的法眼，恐怕还得等到二十世纪的抗战期间。巴金说一片绿色的七星岩是"最安全的避难所"[1]，丰子恺曾"独秀峰前谈艺术，七星岩下躲飞机"[2]……那时的桂林是抗战大后方的文化中心，"西南以至全国的精神食粮，三分之二由此供应也没有问题"[3]。

　　我之所以要在此举桂林的例子，还基于地理学上的认识。桂林山水是典型的喀斯特地貌景观。所谓喀斯特地貌，又称为岩溶地貌，是石灰岩地区地下水长期溶蚀的产物。这种地貌发展到极致，如云南的石林，更夸张的是刀锋剑尖状石林。那密集矗立的风景，以马来西亚的姆鲁山国家公园和马达加斯加的琼基·德·贝马拉哈自然保护区为代表。

　　仔细观察这些若刀剑刺天的石林，你就会了解什么叫石漠化现象。喀斯特地区的地表土壤很薄，平均不足十厘米。因此一旦植被破坏，就会出现类似荒漠戈壁的生态退化现象，而且自然修复十分困难。两广云贵川等省区雨水丰沛，可其中石漠化严重的喀斯特地区，地表存不住雨水，百姓喝水竟然都成了难题。从2016年4月到2017年9月，中国政府开展了第三次石漠化监测工作，结果显示石漠化扩展趋势已经得到有效遏制。

　　上面这段文字读来或许不美，但了解相关知识背景后，我们回头再看桂林山水，便能认识到覆盖于峰林表面的一层薄薄绿色，最是可贵。她柔美秀丽，柔嫩到甚至吹弹可破，可一旦失去，露出的

---

[1] 见巴金《桂林的受难》。
[2] 见丰子恺《望江南·逃难也》。
[3] 见大雷《桂林出版界巡礼》。

即为钢刀铁剑般的狰狞。

所以当我面对桂林山水时，总感佩大自然的"超心炼冶"。历千百年，才在石灰岩的地表采炼出等价金银的土壤，又历千百年，方萌发出郁郁葱葱的绿色。这既是洗炼之美的第三重特质——百炼钢化成的绕指之柔，又提醒着所有在桂林山水间流连的朋友，莫忘"流水今日，明月前身"。

不是吗？今晚的桂林"江天一色无纤尘，皎皎空中孤月轮"[1]。喀斯特峰林下，"月涌大江流"[2]。漓江，或静水流深，或清净活泼。这不正是在年年望相似的明月映照下，几世前身洗炼出的柔美吗？

寻宝小贴士

倪瓒相关遗迹：倪瓒是"元四家"之一，他的代表性书画作品在北京故宫博物院、台北故宫博物院、上海博物馆，以及美国纽约大都会博物馆等处都有收藏。1374年（明洪武七年），倪瓒前往江阴，借住在姻亲邹氏家中。当年中秋之夜，他身染脾疾，于是前往好友名医夏颧家就医。结果在夏家重病不起，于当年十一月十一日去世，享年七十四岁。倪瓒最初安葬于江阴，后来迁回无锡芙蓉山麓的祖坟。倪瓒墓位于如今江苏省无锡市锡山区的东北塘镇，1993年被列为江苏省级文物保护单位。2008年当地依托此墓兴建开放了倪瓒纪念馆。

弘仁相关遗迹：弘仁号渐江，和髡残、八大山人、石涛并称"清

---

[1] 见唐代张若虚《春江花月夜》。
[2] 见唐代杜甫《旅夜书怀》。

初四画僧"。他是新安画派创始人，代表作在北京故宫博物院、台北故宫博物院、上海博物馆、天津博物馆等处都有收藏。1664 年初，弘仁病逝于安徽歙县的五明寺，享年五十五岁。他的墓葬位于歙县县城附近的西干山，当地称为"渐江墓"，1986 年被列为安徽省级文物保护单位。

桂林山水： 位于广西壮族自治区北部的桂林，是第一批国家历史文化名城。这里拥有典型的喀斯特岩溶地貌。2014 年，广西桂林及贵州施秉、重庆金佛山、广西环江，作为"中国南方喀斯特"的二期项目，成功入选世界自然遗产。在抗战期间，桂林是大后方的文化中心，由戏剧家欧阳予倩主持兴建的广西省立艺术馆，被誉为抗日大后方"第一个伟大的戏剧建筑物"。2019 年，位于桂林市秀峰区解放西路的"广西省立艺术馆旧址"被国务院公布为第八批全国重点文物保护单位。桂林建有国际机场，也开通高铁，游客前往十分便利。

8

劲健之美

行神如空，行气如虹。

巫峡千寻，走云连风。

饮真茹强，蓄素守中。

喻彼行健，是谓存雄。

天地与立，神化攸同。

期之以实，御之以终。

　　精神饱满好比广阔天空，气势充盈仿佛横贯天际的彩虹。这饱满的精神和充盈的气势，又像是巫峡两岸青山对峙，狂风席卷乱云疾行。

　　吐纳纯真之气，蕴含刚强之力，然后守护住朴素豁达的心胸。这个过程就像是天体在稳健运行，这个过程其实就是自强不息啊。

　　人与天地并立，和大自然同呼吸、共命运。只有内心充实，才能恒久地保持劲健。

第一篇文章讲雄浑之美，强调阳刚宏大、驰骋想象力。读上面的"劲健"四言诗可以感受到，劲健之美与之不同。雄浑如大海，汪洋恣肆；劲健更内敛，像是张弓搭箭的神射手正蓄势待发。

如何感受劲健之美？我觉得可以借由三个关键词——自强、自信、韧劲来把握。

天行健，君子以自强不息

在"劲健"四言诗里，从"行神""行气"到"饮真茹强""蓄素守中"，都在强调怎样运用和控制好精神气息。之后作者又用了一个比喻来概括，"喻彼行健，是谓存雄"。这一句是全诗的核心，"行健"是其中的根本。

四言的体例限制，让"行健"省略了主语——谁行健？

答案是：天。

为什么说"行健"的主语是天？《周易》里的解释是："天行健，君子以自强不息。"这句话的意思是自然运行是劲健的，相应地，君子也要追求上进，刚毅坚定，奋发图强。所以"劲健"四言诗强调"行健"，是在提示我们要从君子自强不息的角度理解劲健之美。

1840年第一次鸦片战争是中国近代史的开端。读这段历史，落后就要挨打、救亡图存……这些概念深深印刻在我们每个中国人的脑海里。近代以来的文化艺术领域发展又是怎样的呢？不同的创作者有不同的选择。当时很多人迷信油画才是具有世界性的画种，一口咬定中国画不能反映现实，不能作大画，必然被淘汰。

在国画被迫易名"彩墨画"、不被珍视的时代，潘天寿创作了一幅方正的纸本水墨设色国画。与五代北宋时的全景山水不同，潘天寿弱水三千只取一瓢饮。他在雁荡山写生，截取灵岩涧一角，作近景山水，杂以山花野草。画中山石造型奇崛，结构刚强，生长其间的花草生机勃勃，充满自然野趣。从这幅《灵岩涧一角》里，我们可以解读出很多对立的元素：山水与花鸟两种题材、工笔和写意两种画风、青绿与水墨两种技法、隶书和行书两种书体。对中国传统书画艺术千百年发展形成的这些要素，潘天寿进行了大胆的革新：他把山水花鸟融为一科，工笔写意合为一脉，青绿水墨熔于一炉，隶书行书集于一体，从而刚柔并济、墨色交融。

我们今天去中国美术馆欣赏《灵岩涧一角》，可以轻易捕捉到其中充溢的盎然生机。不过要想更真切地理解其伟大，最好能读一读潘天寿在创作这幅画后撰写的文章。在《谈谈中国传统绘画的风格》中，潘天寿说，中西绘画各有自己的最高成就，就如两大高峰对峙。两者之间，尽可互取所长，然而决不能随便吸收。他强调："拒绝不适于自己需要的成分，决不是一种无理的保守；漫无原则地随便吸收，决不是一种有理的进取。中国绘画应该有中国独特的民族风格，中国绘画如果画得同西洋画差不多，实无异于中国绘画的自我取消。"

"中国绘画应该有中国独特的民族风格。"在追求民族文化复兴的今天，对这样的观点人们已有广泛的共识，然而回到当年国画生死存亡的兴废关头，这就是振聋发聩的宣言书！潘天寿以笔为旗，彰显了"男儿到死心如铁"[1]的强大意志。面对西方、现代、观念的三重冲击，他用生生不息的创作实践，生动诠释了《礼记》中"知不足，然后能自反也；知困，然后能自强也"的道理，让对传统文化持怀疑乃至否定态度的人们，看到了他们所不了解的传统文化的独特价值和魅力所在。

想起艺术史学者范景中说，在艺术殿堂中住着三类人：一类人为面包而艺术，创作工匠画；一类人为心灵而艺术，创作文人画；还有第三类人，身处改朝换代、天崩地裂的大时代，不为面包也不为心灵，而是怀着一种抱负与情结，把艺术作为文化取向。"潘天寿就是这么一位特殊的艺术家。"我认同范景中的说法。在我心中，潘天寿永远是"挽弓当挽强，用箭当用长"[2]的大将军。他独骑绝尘，引领传统中国画突围，只手补天裂。

"一颗自信的心"

四言诗在一开篇就对劲健之美的创作过程做了说明："行神如空，行气如虹。""饮真茹强，蓄素守中。"概括讲，需要创作者把饱满的精神意志倾注到实践中，这就需要强大的自信心。关于这一点，我还想介绍另一位艺术家，他就是摄影家沙飞。

沙飞本名司徒传，广东开平人。他的家族中有被鲁迅称许"抱着明丽之心"的画家司徒乔，有中国电影先驱司徒慧敏。同族兄长

---

[1] 见南宋辛弃疾《贺新郎·同父见和再用韵答之》。
[2] 见唐代杜甫《前出塞九首·其六》。

们的文艺建树影响并激励着沙飞。1936年9月，沙飞放弃在汕头待遇优厚的电台特级报务员工作，背着照相机闯荡上海滩。其自信心之强由此可见一斑。不到一个月，沙飞就证明了自己在摄影方面的天赋和敏锐。同年10月8日第二次全国木刻展览会在上海八仙桥青年会举办，沙飞在撰写的一篇通讯中说：

> 十二时半，我去食客饭，饭后赶回会场，不料鲁迅先生早已到了。他自今夏病过后，现在还未恢复，瘦得颇可以，可是他却十分兴奋地、很快乐地批评作品的好坏。他活像一位母亲，年青的木刻作家把他包围起来，细听他的话。我也快乐极了，乘机偷偷地拍了一个照片。[1]

不止一张，沙飞偷偷拍了一组照片。随后，他不但把照片寄给鲁迅，更在其中一张背面明确写了"版权归作者保留，稿费请寄上海蒲石路怡安坊五十四号沙飞收"。可见他对自己的作品充满自信。确实，这组照片中至少有两张中国摄影史上的经典之作。一张是鲁迅与青年木刻家谈话，一张是鲁迅生前最后的留影。十一天后，鲁迅病逝。

鲁迅逝世第二年的7月7日，全面抗战爆发。1937年8月15日，沙飞在《广西日报》刊发文章《摄影与救亡》。他论述了摄影在救亡运动上的重要性：

> 把所有的精力、时间和金钱都用到处理有意义的题材上——将敌人侵略我国的暴行、我们前线将士英勇杀敌的情

---

[1] 见沙飞《鲁迅先生在全国木刻展会场里》。

景，以及各地同胞起来参加救亡运动等各种场面反映暴露出来，以激发民族自救的意识。

沙飞不是坐而论道，而是身体力行。他把自己最珍视的鲁迅照片底片揣在心口，带着朋友们捐助的摄影器材，奔赴华北抗日前线。1937年底，沙飞在河北正式参加八路军。他用照相机记录下八路军将士的浴血拼杀和抗日根据地人民的生产生活，为白求恩留下最后的遗像。

沙飞把饱满的精神、强大的意志倾注到创作实践中。他不仅是中国摄影史上第一个提出"摄影武器论"的人，更是中国革命军队的第一位专职摄影记者。我最喜欢他拍摄的《战斗在古长城》。这张照片以河北涞源境内的明长城为背景，两个八路军战士埋伏在画面左下角，一个用右肩牢牢顶住俗称"歪把子"的大正十一式轻机枪，聚精会神手握扳机；另一个手持驳壳枪，正抬起上半身小心眺望。

驳壳枪学名毛瑟军用手枪，毛泽东在一阕《临江仙》里提到过"三千毛瑟精兵"。沙飞照片中的两名战士正是"毛瑟精兵"的代表。他俩以点带面，身形和画面中长城上的两座敌楼形成呼应，血战前一触即发的紧张感呼之欲出。

沉睡了数百年的长城在1938年春天复活。古老的长城参与到抗战实践中，用沙飞自己的话说，这是有意义的照片，"能够迅速地呈现在全国同胞的眼前，以达到唤醒同胞共赴国难的目的"[1]。若再结合沙飞的诗作《我有二只拳头就要抵抗》，相信我们一定对劲健之美会有更深刻的领悟：

---

[1] 见沙飞《摄影与救亡》。

我有二只拳头就要抵抗，

不怕你有锋利的武器、凶狠与猖狂，

我决不再忍辱、退让，

虽然头颅已被你打伤。

虽然头颅已被你打伤，

但我决不像那无耻的、在屠刀下呻吟的牛羊，

我要为争取生存而流出最后的一滴热血，

我决奋斗到底、誓不妥协、宁愿战死沙场。

我决奋斗到底、誓不妥协、宁愿战死沙场，

我没有刀枪，只有二只拳头和一颗自信的心，

但是自信心就可以粉碎你所有的力量，

我未必会死在沙场的，虽然我愿战死沙场。

坚持不懈的韧劲

"劲健"四言诗最后说"天地与立，神化攸同"。很多朋友背过《三字经》，里面讲"三才者，天地人"。与天地并立、神化攸同的，正是人。至于"期之以实，御之以终"，说的是人只有内心充实，才能恒久地保持劲健。

那么如何做到内心充实？除去自强、自信，还需有持之以恒、坚持不懈的韧劲。《左传》里记载曹刿论战，说打仗靠勇气，"一鼓

作气，再而衰，三而竭"。同样，创作最怕神衰气竭，虎头蛇尾，半
途而废。

比如京剧里的《击鼓骂曹》，讲的是三国名士祢衡击鼓大骂曹操
的故事。最精彩处在于三通击鼓，需要通过鼓声来传达主人公祢衡
内心越来越激越的情绪。因此鼓点的节奏与力度、敲鼓的方法、和
乐师的配合都有各种讲究。演员功力稍有不足，便会泄劲，让观众
喝倒彩，所以这段戏素来是正工老生的重头戏。

劲健之美中的这种韧劲也体现于风景。二战后的西方艺术有
Earth Art 一派，通常翻译为"大地艺术"或"地景艺术"。可我常常
觉得，原本作为军事设施的万里长城才是最劲健的大地艺术品。

以明长城为例，东起鸭绿江畔的辽宁虎山，西至祁连山下的甘
肃嘉峪关，绵延六千多公里，其中最精彩的段落首推河北滦平境内
的金山岭。我曾在这一带行走露宿数日。群峰奔涌如怒涛翻滚，依
山凭险的长城恰似大浪边缘蜿蜒喷吐的一道白线。景观之胜带给我
的体验，和欣赏头牌老生表演的《击鼓骂曹》别无二致。之所以会
有如此强烈的感受，是因为在那里我确实能够切身感悟到长城是人
力营造的奇迹，可与天地并立，同呼吸，共命运。

金山岭这段长城始建于1368年（明太祖洪武元年），1567年
（明穆宗隆庆元年）又由抗倭名将戚继光续修改建。在西起古北口、
东至望京楼大约十公里的沿线，密集设置了三处烽燧、五道关隘、
六十七座敌楼。塞雁行行，平沙莽莽，金山岭长城用视觉上的绵绵
不绝，再形象不过地表现出劲健之美中的韧劲。

近五百年前，朱明王朝的万千工匠和兵士用汗与血把砖石垒砌

位于河北省滦平县的金山岭长城　乔鲁京/摄

在苍翠延展的山脊上。祖母绿样的大山，有着天鹅绒般的质地，仿佛戍边将军披挂的一身大氅，如此，长城就是其上用金线织就的蟒纹。又或说这大山是巨人俯卧呈现的肩头背脊，那么长城就是印证他百战沙场的道道伤疤与点点创痕。

　　天子赐印，将军出宫，弓背霞明，走马秋风。"少年负壮气，奋烈自有时。"[1]请登上金山岭，高声吟唱黄仲则的《少年行》，去感受劲健之美吧——

---

[1] 见唐代李白《少年行二首·其一》。

男儿作健向沙场，自爱登台不望乡。

太白高高天尺五，宝刀明月共辉光。

寻宝小贴士

潘天寿相关遗迹：潘天寿先生 1897 年出生于浙江省宁波市宁海县，他的出生地在 2011 年被列为浙江省文物保护单位，并对公众开放。潘先生晚年居住在杭州西湖畔，依托这座故居，文化部于 1981 年设立了潘天寿纪念馆。纪念馆的具体地址是杭州市上城区南山路景云村 1 号。

雁荡山：号称"东南第一山"的雁荡山是世界地质公园，首批国家重点风景名胜区。具体到潘天寿先生为创作《灵岩涧一角》而写生的地方，是位于浙江省乐清市境内的北雁荡山，如今已被开发为灵岩景区。据说潘先生曾经为此地风景赋诗："一夜黄梅雨后时，峰青云白更多姿。万条飞瀑千条涧，此是雁山第一奇。"由此可见灵岩风景在雁荡山中的地位。目前乐清及附近的温岭、温州都已开通高铁，方便游客前往参观。

金山岭长城：位于河北省承德市的滦平县境内，与北京市密云区相邻，距离北京市区大约一百三十公里。金山岭和密云境内的古北口、司马台共同构成了明长城景观最壮美的段落。早在 1988 年，金山岭长城就被国务院公布为第三批全国重点文物保护单位。建议参观者从北京市区开车或乘坐旅游专线车前往旅行。

9

绮丽之美

神存富贵，始轻黄金。

浓尽必枯，浅者屡深。

雾余水畔，红杏在林。

月明华屋，画桥碧阴。

金樽酒满，伴客弹琴。

取之自足，良殚美襟。

精神世界丰富且高贵，才不会过于看重物质财富。不管是什么，再好再美，一旦浓烈到极致，就必然枯涩乏味，倒不如浅浅淡淡，效果反倒可能更深刻持久。

水边雾气消散，绿林中红杏点染。月光照亮了华美的屋宇，彩绘的桥梁被碧绿的林荫环绕。

金杯斟满了美酒，陪伴的宾客弹琴奏乐。收取这些绮丽的景色，足以尽情书写我追求美好的襟怀。

如何更好地理解绮丽之美？不妨从内在精神、外在形式表达，以及这二者之间的关系入手。

内在精神要丰富且高贵

对绮丽之美最常见的误解是什么？是魅惑于外在形式的绚烂，全然不顾内在精神，也就是"重黄金"。

《韩非子》里讲过买椟还珠的故事。楚国商人到郑国贩卖珍珠，装珍珠的盒子"为木兰之柜，薰以桂椒，缀以珠玉，饰以玫瑰，辑以羽翠"，各方面都极尽富贵奢华。结果郑国人买了盒子，退还了晶莹圆润的珍珠。

从近年来湖北一带楚国故地出土的器物看，楚人确实善于制造缤纷绚丽的华美器物。至于珍珠盒等奢侈品之所以能在郑国大行其道，也因为符合彼时以靡靡之音为代表的文化趣味。孔老夫子就曾痛陈自己"恶郑声之乱雅乐"[1]。

如何才能不沉湎于外在的绚烂？"绮丽"四言诗开出的药方是"神存富贵，始轻黄金"。这在很大程度上体现的是儒家审美态度。孔门弟子、复圣颜回"一箪食，一瓢饮，在陋巷"[2]，之所以能安贫乐道，正因为精神上丰富高贵。这一点体现在亚圣孟子身上，就是他倡导的"富贵不能淫，贫贱不能移，威武不能屈，此之谓大丈夫"[3]。

---

[1] 见《论语·阳货》。
[2] 见《论语·雍也》。
[3] 见《孟子·滕文公下》。

　　顺着时代发展的脉络梳理，我们发现流行于南朝梁陈的宫体诗虽然辞藻靡丽，但精神空洞乏味，仿佛是一千年前郑国靡靡之音的翻版，因而历来评价不高，与绮丽之美无缘。到了唐代，诗圣杜甫的《丹青引赠曹将军霸》，让我们在吟咏"文采风流今尚存""富贵于我如浮云"时，能感受到他的精神气象，欣赏"一洗万古凡马空"的绮丽之美。这种审美态度继续传承，在北宋有王安石强调"糟粕所传非粹美，丹青难写是精神"[1]。

　　对于"神存富贵"，我们今人尤其需要注意的是，它要求"丰富"且"高贵"，二者不可偏废。一味强调丰富但精神鄙陋，往往流于媚俗，全无骨气。如《今生今世》作者胡兰成，在抗战烽火硝烟中附逆日寇，鼓吹现世安稳，尽丧气节良知。这种人纵使才华横溢，也与真正的绮丽之美相距甚远。须知当他用"愿使岁月静好"营造七宝楼台时，象牙塔外，无数人正前仆后继，浴血杀敌。

　　至于精神高贵但思想偏执贫瘠，发展到极致，恐怕会是一副可怖面目。例如晚清大臣徐桐，在开眼看世界的时代里闭目塞听，连《清史稿》都说他"守旧，恶西学如仇"。虽然徐桐倡导"秉忠持正，宅心朴实"，在八国联军攻陷北京时自杀殉国，但其昏聩误国也是近代史上不争的事实。

形式表达要节制有分寸

　　注重内在精神的丰富且高贵，是绮丽之美的本质。明确这一点

---

[1] 见北宋王安石《读史》。

后，四言诗紧接着给出绮丽之美的创作方法："浓尽必枯，浅者屡深"，随即又用几组画面予以形象说明。

什么是绮丽之美？是水畔的雾气将散未散之时，是绿林中有红杏点染。在这里尺度拿捏是关键。浓雾弥漫什么也看不见，雾气散尽就失之干涩；满眼红杏盛开不见绿色，太过浓烈，偌大树林若只有两三点杏花则平淡无奇。凡此种种都在提示我们，绮丽之美在形式表达上一定要有分寸感。

这里可以举两座园林作为正反两面的例子。列入世界遗产的"苏州古典园林"包括了九座花园，其中的狮子林和艺圃都位于苏州老城北部，狮子林偏东，艺圃偏西，相隔不远。

因为颇受乾隆皇帝欣赏的缘故，狮子林的大众知名度极高。殊不知今天的狮子林远非乾隆皇帝欣赏时的模样，更不是元代高僧天如禅师初建时的面貌。

1917年，四十六岁的上海颜料巨商贝润生买下这座荒废多时的园子，之后用近七年时间，打造出全新的狮子林，据说前后总计花费八十万银圆，彼时北大图书馆助理员月薪仅有八块银圆。1919年9月，鲁迅在首都北京购买一座前后三进的四合院，总共开销不到四千银圆。由此可见贝家投入资金之巨，改建狮子林力度之大。依照贝润生的趣味，狮子林里的房间门窗安装了民国初年最时髦也极昂贵的彩色玻璃。电灯照亮了华美的屋子，不再需要明月映衬。

更夸张的是，千奇百怪的太湖石作为奢侈品，被密密麻麻堆砌在一起，满满透着夸饰炫耀。可惜只是罗列铺排，缺少轻重缓急的章法，搞得空间逼仄，让观看者毫无喘息的余地。故而在狮子林，人们很难体会到从容有节制的美感，于是只能沉湎于钻迷宫或数狮子的乐趣中。园林大家陈从周对狮子林的评价，我深以为然：

> 故作曲折，使人莫之所从，既背自然之理，又多不近
> 人情。因此矫揉做作，与自然相距太远的安排，实在是不
> 艺术的事。[1]

而古城西北阊门内的艺圃，则躲藏在安静的历史街区里，与之形成巨大反差。

位于江苏省苏州市的艺圃　乔鲁京/摄

四百年前，艺圃归明代书画大师文徵明的曾孙文震孟所有。文氏家族诗礼传家，二百年间至少六代人弦歌不辍。文震孟的亲弟弟文震亨更是留下了一部《长物志》，成为学习中国园林营造、风物鉴赏绕不开的名著。这样的家族气脉、人文精神投射于艺圃中，其气度直到今天我们仍可窥见一斑。

步入艺圃，迎面即为明代遗构乳鱼亭。站立小亭之中，眼前水面开阔，左首叠山理石生动自然，毫无局促拥挤的感觉。正前方的浴鸥池一带，更是构筑精巧、疏朗恬

---

[1] 见陈从周《惟有园林》。

淡。虽然清末民初时，艺圃作为丝绸商人的同业会馆，经历过一番
改建，导致园池北岸的房屋线条过于平直开阔，略显单调乏味，但
从整体看艺圃的设计营造十分节制，颇具分寸感，仍然保存着晚明
名门望族私家园林的绮丽之美。

所以在我看来，若说狮子林是"浓尽必枯"的典型，那么艺圃
恰为"浅者屡深"的范例。

内在精神和外在形式需要平衡

我们强调绮丽之美注重内在精神的丰富高贵，也分析了这种美
在形式表达上要节制、有分寸感，但这并不意味着要从买椟还珠的
极端切换到只重精神、形式枯槁的另一个极端。"绮丽"四言诗里说
"金樽酒满，伴客弹琴"，表现的是内在精神和外在形式之间的平衡，
二者相辅相成才能成就真正的绮丽之美。

金樽，就是用黄金制作的大号盛酒器。李白说"人生得意须尽
欢，莫使金樽空对月"[1]。金樽酒满，不见得"会须一饮三百杯"[2]，
但诚如李白所言"金樽清酒斗十千，玉盘珍馐直万钱"[3]，价值万元
的美酒与黄金盛酒器相得益彰，可见其豪奢。

与"金樽酒满"相呼应的，是"伴客弹琴"。那么伴客究竟弹的
是什么样子的琴呢？

---

[1] 见唐代李白《将进酒》。
[2] 同上。
[3] 见唐代李白《行路难·其一》。

"彩凤鸣岐"七弦琴
浙江省博物馆藏

2019年秋天，在杭州、奈良相继举办了两个展览。

浙江省博物馆推出的是"千年清音——唐宋古琴特展"。展览的是浙博镇馆之宝——唐代落霞式"彩凤鸣岐"七弦琴。在这张古琴的腹腔内，据说题刻有"大唐开元二年雷威制"字样。雷家是斫琴世家，以雷威技艺最优。这张制作于公元714年的彩凤鸣岐琴，声音上"一二弦如洪钟，六七弦如金磬，四弦五徽以上如羯鼓"[1]，外观上采用鹿角灰胎，琴背以栗壳色原漆为主，间有朱漆，琴面

与侧墙后加朱漆，观之素雅至极，堪称"素琴"的代表。

如此说来，金樽旁的伴客弹奏的会是类似"彩凤鸣岐"这样的素琴吗？别急着回答。我们再来看日本奈良国立博物馆稍后推出的第七十一回正仓院展。无独有偶，这次展览最重要的展品也呈现在海报上。这是一张早在唐代就已流传到日本的金银平文琴。

所谓金银平文，指的是"凡所嵌之金银片文漆后成为平面者为平脱，花纹浮出者为平文"[2]。

金银平文琴
日本奈良正仓院藏

[1] 见杨宗稷《琴学丛书》。
[2] 见（日本）广濑都巽《平文平脱の解——正仓院の研究——东洋美术特辑》。

正仓院珍藏的这张琴，十三徽都镶黄金，面板和底板的图绘、铭文都用白银镶嵌而成。背面银文双龙对凤，两端两侧金文鸾凤麒麟，间以银文花蝶云鸟。金银交辉，璀璨至极。

在这张琴的腹腔内有墨书"乙亥元年"字样。具体是哪一年，争论很多。一些学者倾向为735年（唐开元二十三年）。若是，则制作时间与彩凤鸣岐琴相近。此外，许多研究者认为正仓院收藏的这张金银平文琴来自中土大唐，是中古时代以装饰奢华富丽为特征的"宝琴"的典型遗存。

虽然在中唐以后，素琴逐渐取代了宝琴。但这不妨碍我们回望盛唐。请闭上眼睛想象一下，李白长安市上酒家眠，清酒一斗诗百篇，在他的身旁，放的究竟会是一张什么琴？

若是"晚来天欲雪"[1]的"红泥小火炉"[2]畔，我相信肯定是鹿角灰胎、大漆本色的彩凤鸣岐琴为佳。但金樽酒满的人生得意尽欢时，还是华丽的金银平文琴来得更妥帖吧？"将进酒，杯莫停！与君歌一曲，请君为我倾耳听"[3]……这一刻，内在精神和外在形式达到了平衡，我想这正是形成绮丽之美的关键。

在正仓院藏金银平文琴的背面，用白银镶嵌制作了四列铭文，是东汉李尤创作的《琴铭》：

> 琴之在音，荡涤邪心。
>
> 虽有正性，其感亦深。

---

[1] 见唐代白居易《问刘十九》。
[2] 同上。
[3] 见唐代李白《将进酒》。

存雅却郑，浮侈是禁。

条畅和正，乐而不淫。

存雅却郑，说的还是孔夫子"恶郑声之乱雅乐"的道理。需要强调的是，这段铭文没有出现在素雅的彩凤鸣岐琴上，而是留存在绮丽的金银平文琴上。可见无论在制作者还是使用者的心里，这张宝琴都不是徒有其表的楚国珍珠盒。弹奏它，已是"取之自足，良弹美襟"，足以尽情书写追求绮丽之美的襟怀了。

寻宝小贴士

苏州古典园林：1997 年，以拙政园、留园、网师园、环秀山庄为代表的苏州古典园林被列入《世界遗产名录》。2000 年，苏州古城内的沧浪亭、狮子林、艺圃、耦园，以及位于古镇同里的退思园又被增补列入《世界遗产名录》。狮子林和毗邻的拙政园、苏州博物馆，是目前苏州最热门的旅游景点。从 2019 年开始，这三处景点都需要提前预约好特定时段才能参观。

艺圃：位于苏州市古城区阊门内文衙弄 5 号的艺圃，是第六批全国重点文物保护单位，也是周边街区老人们喝茶聊天的所在，值得自由行的游人前往参观。从艺圃出发，还可以步行去参观以假山著称于世的环秀山庄（第三批全国重点文物保护单位），以及另一座小型园林曲园（第六批全国重点文物保护单位）——也就是晚清著名学者俞樾的旧居。

10

自然之美

俯拾即是，不取诸邻。

俱道适往，着手成春。

如逢花开，如瞻岁新。

真与不夺，强得易贫。

幽人空山，过水采蘋。

薄言情悟，悠悠天钧。

俯下身来捡拾就行了，不用从各位邻里那里去获取。创作者遵循、适应自然之道的演进，创作的作品就会像春天一样鲜活。

如同遇到花开，如同迎接新的一年，自然而然，人力无法强求，违背自然刻意为之，很容易自我消耗，陷于困顿。

自然而然，就像深山中的幽人涉水采集蘋草。领悟到了天地万物的运转规律，也就得到了"自然"的真谛。

牛粪：美或不美，转念之间

当代都市生活奔波劳碌。每日晨昏，地铁里的上班族或低头看手机，或闭目休息。中小学校门口的孩子们负重进出，"拉杆箱书包"的出现可谓窥到了商机，更不用说学校周边补课机构持续不断的生源"吞吐量"。置身这样的日常生活中，自然之美何在？

不禁想起明代大儒王阳明在《传习录》里说过的一句名言："汝未看此花时，此花与汝同归于寂。汝来看此花时，此花颜色一时明白过来。便知此花不在汝之心外。"自然之美如王阳明说的花，就开在日常生活中，关键是去看、去发现。

1937 年，意大利学者朱塞佩·图齐（Giuseppe Tucci）曾深入西藏实地调查。在巨著《梵天佛地》里，他激动地说：

> 藏地建筑引人入胜之处不仅在于建筑轮廓线的俊美：
> 它们时而以非凡胆识延续峭拔山势，时而以结构的象征性
> 唤起大地的神性；而且周围的金子般的峭壁、承托它们的
> 平坦驶入天边的静卧高原、默祷般的肃穆、宝石般的碧空
> 更彰显出建筑的庄严伟岸。

我记忆里，和图齐这段文字最契合的，是在江孜老城漫步的经历。秋日午后，湛蓝天穹下，白居寺血红色的院墙长城般起伏于赭石色的大山前，围合出宏阔的院落，映衬出坐落其中的措钦大殿的庄严和吉祥多门塔的殊胜。

位于西藏自治区江孜县的白居寺菩提塔

　　待我走出白居寺大门，已是日暮西斜。秋天特有的金色阳光播撒在江孜老城砾石铺就的街道上。正当我不断调试双眼以适应刺目的光线时，远远传来阵阵清亮的铃铛声。悠悠荡荡，一大群牦牛迎面缓步走来，让时光显得悠长。现在我已想不起有无放牛人，只记得惊讶于那些牦牛都认识各自的家。它们在老城大街上行过"贴面礼"后，渐次散去，分头踱进不同的院落。

　　江孜之所以是国家历史文化名城，就因为这些传统院落的存在。黄土夯砌的院墙上落着一团团的黑褐色，夕阳映照下泛出异样的光。我好奇，凑上前仔细看，才发现那是牦牛的粪便。好家伙！我带着厌恶与疑惑，赶紧闪身躲开。

　　累了，钻进街边一家甜茶馆，一边喝酥油茶，一边和甜茶馆主人聊天。他告诉我，暴晒后干燥的牦牛粪，是高原上最重要的传统燃料。"牛粪总不能摊在地上晒吧，所以要贴到院墙上晒干，然后才能收集起来当燃料。"说罢，他又带我到灶前看燃烧着的牦牛粪。因为牛粪燃点不高，所以即便在含氧量很低的高原，用一张报纸也能引燃。

甜茶馆里的牛粪烧起来确实没什么异味，烟雾也很少，甚至有一股淡淡的草香萦绕在灶旁。从甜茶馆出来，阳光终于不再扎眼。落日余晖洒在一道道院墙上，那些黑褐色的牦牛粪瞬间放出金色的光。我再看它们，觉得像雨后丛生的金蘑菇，更像盛开的金色花海。

这种日常生活里俯拾即是的自然之美，让我想到《庄子·外篇·知北游》里的一段问答：

> 东郭子问于庄子曰："所谓道，恶乎在？"庄子曰："无所不在。"东郭子曰："期而后可。"庄子曰："在蝼蚁。"曰："何其下邪？"曰："在稊稗。"曰："何其愈下邪？"曰："在瓦甓。"曰："何其愈甚邪？"曰："在屎溺。"东郭子不应。

东郭子请教庄子："所谓的道，究竟在哪儿？"庄子说："道无所不在。"东郭子说："总得指出具体地方吧。"庄子说："在蝼蚁中。"东郭子问："怎么在这么低下卑微的地方？"庄子说："在小草里。"东郭子说："怎么越发低下了？"庄子说："在砖瓦中。"东郭子说："怎么越来越低下呢？"庄子说："在大小便中。"

最终东郭子停止发问，庄子告诉他："汝唯莫必，无乎逃物。"什么意思呢？就是说，你不要只是在某一个事物里寻找道，万物中没什么不蕴含着道。

道如此，美亦是。

日常里的美或不美，往往是转念间的事，换个角度就有不同的认识。甜茶馆里听来的那句"一块牦牛粪，一朵金蘑菇"也时不时提点着我：在日常的都市生活中学着转念，学着发现"俯拾即是"的自然之美。

柏林：慢下来交由时间酝酿

自然之美在日常，还可以怎样去发现？

四言诗里讲"如逢花开，如瞻岁新"。在摄影师发明后期加速处理技术前，我们很难观察花儿从含苞吐萼到盛开怒放乃至凋谢化泥的全过程。

自然之美的生长是缓慢的，我们不慢下来，怎么能感受得到呢？慢下来，我和你分享一个关于天坛的故事。

天坛里的祈年殿始建于1420年，但在1545年才改建成现在的三重顶圆殿形制，不过当时殿顶覆盖的是三色琉璃瓦，上青、中黄、下绿，寓意天、地、万物。直到1751年，才统一使用天蓝色的琉璃瓦。1889年农历八月二十四日，祈年殿被闪电击中引燃，烧得片瓦无存，之后重建，直到1896年方才完工。

这座浴火重生的建筑，其实很年轻。远比它古老的，是两侧的柏树林。据统计，天坛现存古柏有三千六百多株，大多种植于明清两代。九龙柏、迎客柏、问天柏、莲花柏，各有各的姿态，各有各的传说。郁郁苍苍的枝丫间，黑色的松鼠穿梭跳跃。树下有人慢跑，有人打太极，有人抖空竹发出好听的嗡鸣声——日复一日，缓慢生长，六百年的时间酿就天坛柏林的自然之美。

　　曾有媒体采访北京天坛公园原总工程师徐志长。问：来天坛公园参观的外宾中，谁来的次数最多？徐总工的回答是：美国原国务卿基辛格来的次数最多。从1971年至上世纪末，他前后来天坛参观竟有十次之多。为何基辛格对天坛有着格外浓厚的兴趣？或许我们能从他第一次参观天坛公园时的一个细节找到答案。

　　1971年10月25日，基辛格第一次参观天坛。他的专车穿过古柏林间的御道，停在丹陛桥坡下。基辛格走上中轴线，步入祈年殿内仔细参观，又回到祈年门前，久久回望。临走时，基辛格感慨道："这里真美啊！以美国的经济实力和科技水平，能够再造出好几个祈年殿，但复制不出这片古柏林，复制不出这样的氛围。"

　　基辛格确实目光犀利，一下就洞察到寻常中的不寻常。"人生无百岁，百岁复如何？"[1]大树"以八千岁为春，八千岁为秋"[2]。如此看，再巧夺天工的人造奇迹，相比大自然的伟力都是渺小的。所以慢下来，循着从前日色变化的节奏，耐心品味寻常中的不寻常吧。这不寻常由光阴酝酿，正是"自然"四言诗中所说的"真与不夺，强得易贫"——人力无法强求，违背自然地刻意为之，反倒自取其辱。

文徵明：日日精进，衡山仰止

　　日常的风景缓慢生长，人也在不知不觉中成长。《管子·权修》说："一年之计，莫如树谷；十年之计，莫如树木；终身之计，莫如

---

[1] 见明代刘基《绝句》。
[2] 见《庄子·逍遥游》。

树人。"大意是做一年的规划，最好种庄稼；十年的规划，最好种树；一生的规划，最好是培养人才。国家育人如此，对个人来说，最好也能像天坛缓慢生长的柏树一样，不急不躁，终身学习，修养不辍。在此，我给大家讲一位明代书画大师的故事。

1470年冬天，一个叫文壁的小男孩降生了。小时候的他显得很愚钝，七岁还不会说话，"八九岁语犹不甚了了"[1]。只有他父亲文林不以为意，认为"儿幸晚成，无害也"[2]。

文壁十一岁时终于开口说话了。作为官宦子弟，通过科举考试走仕途是既定的人生方向，偏偏文壁考试不灵光。对比鲜明的是同岁好友唐伯虎，十六岁以童子试第一名考中秀才，二十九岁以乡试第一名考中举人。文壁则屡考屡败，屡败屡考。关键时刻又是父亲写信安慰他。在信中谈到"别人家的孩子"唐伯虎，文林说："其人轻浮，恐终无成。吾儿它日远到，非所及也。"[3]

文壁非但考试不行，年少时还遭受过别的惨痛打击：老师说他的字写得太差，考评只给了第三等。好在迟钝的文壁有一个优点，他相信世上无难事，只要肯登攀——字不好就练！相传他临写智永《千字文》，每天至少写十本。日课一万字，日复一日勤学苦练，文壁的书法水平不断提升。

自然之美存在于日常，需要慢下来感受，作为美的创造者，则要像天坛里缓慢但绝不停止生长的古柏那样，每日精进，才能在创

---

[1] 见明代王世贞《文先生传》。
[2] 同上。
[3] 见明代文嘉《先君行略》。

作中呈现出自然之美。从四十二岁开始,文壁"以字行"[1]于世。他就是我们今人熟悉的文徵明。文徵明祖籍湖南衡山,自号衡山居士,大家尊称其"文衡山"。

据说文徵明一辈子写字,从没苟且敷衍过,哪怕随便写封信,如果有字写得不到位,就重写一遍。他的书法越老越神妙,八十岁后仍眼不花、手不抖,蝇头小楷愈加精彩。1559年初春,九十岁的文徵明为御史严杰的母亲书写墓志,还没写完便置笔端坐而逝。

同为明四家、同是江南四大才子,唐伯虎天资超凡,文徵明早年愚钝,文父所说"吾儿它日远到"的成就,非唐伯虎所能及,确实有预见。文徵明,虽少年愚钝,不见光彩,却是精进一生,勇猛不懈,终究自成一家,留名百世。

通观文徵明留下的书画作品,几乎看不到风格突变。书法,一以贯之的秀劲温润,谨严稳重;绘画,一以贯之的精细鲜丽,清雅抒情。他像深山中涉水采集蘋草的幽人,通过自身缓慢的成长,转日常为神奇,让从容的自然之美充溢于作品中,也让后人,如观巍巍衡岳,"高山仰止,景行行止"[2],虽不能至,心向往之。

愿我们都能顺乎岁月,日日精进,得以在此生撷取这"悠悠天钧"的自然之美。

---

[1] 见《明史·列传第一百七十五·文徵明传》。
[2] 见《诗经·小雅·车辖》。

寻宝小贴士

江孜古城： 江孜县隶属于西藏自治区日喀则市，县城于 1994 年被国务院公布为第三批国家历史文化名城。位于县城中心的宗山，是江孜人民抗击英国侵略者的见证。县城西郊的白居寺，始建于 1418 年，在建筑史和艺术史上有着崇高的地位，1996 年被国务院公布为第四批全国重点文物保护单位。游客可从拉萨或日喀则乘汽车前往江孜。

天坛： 天坛是明清两朝皇帝祭祀上天、祈祷五谷丰登的场所。1961 年天坛被国务院公布为第一批全国重点文物保护单位，1998 年又被列入《世界遗产名录》。天坛东西两侧都有地铁站，东侧是北京地铁 5 号线的天坛东门站，西侧是北京地铁 8 号线的天桥站。从这两个方向进入，都可以穿越古柏林，到达祈年殿所在的天坛南北轴线。

文徵明相关遗迹： 在北京故宫博物院、台北故宫博物院、上海博物馆、辽宁省博物馆、天津博物馆，以及苏州博物馆等地，都收藏展示有文徵明的代表性书画作品。文徵明的墓园在苏州市相城区文灵路 1 号，附近有今人为纪念《孙子兵法》作者、兵圣孙武而兴建的一座"孙武墓"，现在这里已经辟为"孙武、文徵明纪念公园"。

11

含蓄之美

不着一字，尽得风流。

语不涉难，若不堪忧。

是有真宰，与之沉浮。

如渌满酒，花时返秋。

悠悠空尘，忽忽海沤。

浅深聚散，万取一收。

"含蓄"这首四言诗写得真是太含蓄了,我只能勉力翻译大意。

创作时,手法不要生硬,别紧紧附着在要表现的对象上。放松下来,就能生动传递出对象的风致神韵,抒发情感也不用直接描述,就足以引发人们的强烈共鸣了。

作品必须要有内在的真实饱满的诗情,根据诗情起伏,调整外在的画意,在诗情与画意之间形成引而待发的张力。这个创作过程就像在过滤新酿的酒,又像是花朵要开时乍遇秋寒。

苍茫天空中的微尘,无穷无尽地游荡;浩荡大海里的泡沫,忽生忽灭地漂浮。无论是空间里的深浅,还是时间上的聚散,集纳天地万物,表达出来的却只是灵犀一点。

翻译完四言诗后，我们来理解"含蓄"二字。

"含"是什么意思？南朝刘宋时的历史学家范晔编撰《后汉书》，其中《宦者传论》写得很好。他说东汉的邓太后临朝听政时重用太监，太监从奴婢变成"口含天宪"之人，意思是说出的话就是法律，能决定人的生死。这话是说还是不说，需要好好斟酌。这口含天宪的"含"呈现的正是一种中间状态。

再来看"蓄"，通常解说是储藏、保存之意，但仔细深究，这个理解还不到位。《诗经·邶风·谷风》里说"我有旨蓄，亦以御冬"，意思是我已经储备好美味的干菜腌菜，将用来抵挡寒冷的冬天。我们熟悉的一个成语叫"蓄谋已久"，为某件正发生的事情谋划了许久。通过这两个例子，可知"蓄"呈现的也是一种将做未做的中间状态。

通过解说"口含天宪"和"蓄谋已久"，不难发现，"含蓄"是一种引而待发的中间状态。那么我们该如何具体理解含蓄之美呢？我想依次用"藏锋""内爆""疏导"三个关键词为你解说。

藏锋：引而待发

例子要从一个二十三岁的小伙子讲起。1081年，他从陕西华州出发，长途跋涉到湖北黄州，拜谒因乌台诗案而被贬谪的苏轼。他呈上自己的文章，苏轼读后拍着他的后背说："子之才，万人敌也。"[1]这个叫李廌的小伙子后来成为东坡得意门生，是苏门六君子

---

[1] 见《宋史·列传第二百零三·李廌传》。

之一。和苏轼一样，李廌也喜欢鉴赏书画。在欣赏了南唐画家钟隐的《棘鹞图》后，他写了下面这段评论：

世俗画雕狸、鹰兔、鹞雉、鹘雀之类，皆作禽奋搏击之状，欲示其猛。隐所作，鹞子坐柘枝上，貌甚闲暇，注目草中之鹌。其意欲取，蹲缩作势。兵家所谓"鸷鸟之击，必匿其形"，使人想其霜拳老足，必无虚下也。[1]

这段画评大意是说寻常画家画各种猛禽捕捉狸猫、兔子、雉鸡、麻雀，都绘制的是猛禽奋勇搏击的形象，以显示其威猛。钟隐的《棘鹞图》则不然，鹞鹰坐在柘树枝头，貌似很闲暇，但眼睛紧紧盯住草丛中的鹌鹑。因为准备捕食，所以才会蹲坐绷紧身体。李廌接下来引用的"鸷鸟之击，必匿其形"，实际出自司马迁的《史记·越王勾践世家》。

司马迁在这篇经典文章中，用"置胆于坐，坐卧即仰胆，饮食亦尝胆也"来描写越王勾践，只寥寥几笔便把勾践时刻提醒自己发愤图强的状态写得活灵活现。到了苏轼笔下，更发挥想象力，在《拟孙权答曹操书》里演绎成今人共知的成语"卧薪尝胆"。

如果制作一张"蓄谋已久排行榜"，越王勾践一定名列前茅。他用了二十二年的时间积蓄力量，一路逆袭，灭掉吴国，在版本各异的春秋五霸中占有一席之地。如此看，《史记·越王勾践世家》《拟孙权答曹操书》，乃至不断被文学、戏曲、话剧、影视演绎的越王勾践的故事，无不蕴含着含蓄之美的基因。

[1] 见北宋李廌《德隅斋画品》。

越王勾践剑 战国 湖北省博物馆藏

坐落于武汉东湖之畔的湖北省博物馆，有一件镇馆之宝——越王勾践剑。我在若干展览中都曾见过这柄勾践自用的宝物。它完好如新，锋芒毕露，称之为"天下第一剑"毫不过誉。它让我恍惚想起鲁迅在小说《铸剑》里描绘的"世间无二的剑"：纯青的，透明的，正像一条冰。但其实我更想看却从未看到的，是越王勾践剑的剑匣。根据考古发掘记录，1965年12月宝剑从古墓中出土时，原本安放于一个漆木剑匣内。"三尺龙泉剑，匣里无人见。"[1]可惜那时漆木器保存技术还不成熟，也许那个剑匣现已朽坏无存。

细读《史记·越王勾践世家》，起初被吴王夫差重兵包围时，越王勾践使出各种手段，才逃过了亡国灭种的危机。之后"勾践食不重味，与百姓同苦乐"，我想在此期间他的宝剑即使再锋利，恐怕也是要长久收纳于剑匣之中的——越王勾践卧薪尝胆传奇故事的关键是"藏锋"二字，这也正是他的宝剑迥异于其他兵器的魅力所在。所以唯有将剑匣和宝剑联袂展出，甚至陈设成宝剑大半收纳于剑匣内的形象，我觉得才能体现出这特殊的含蓄之美来。

亮剑只是一瞬，藏锋却是恒久。

你可能没注意过，剑匣也是大诗人们争先咏叹的对象：白居易自嘲"剑匣尘埃满"[2]，杜甫闷闷不乐地说"气冲看剑匣"[3]，李贺则梦

---

[1] 见唐五代敦煌曲子词《生查子·三尺龙泉剑》。

[2] 见唐代白居易《九日醉吟》。

[3] 见唐代杜甫《遣闷》。

想着"剑匣破，舞蛟龙"[1]。至于现代诗人闻一多，更在《红烛·李白篇》里收入一首词语瑰丽、想象离奇的长诗，题目干脆就叫《剑匣》。这首诗真好，但太长，我只为你选取其中最平淡的两行看吧：

> 人们的匣是为保护剑底锋铓，
> 我的匣是要藏他睡觉的。

"含蓄"四言诗里说"如渌满酒，花时返秋"，意思是过滤新酿的酒时，酒缸快要盛满了，可滤布上还残存些许酒汁，点滴渗漏，酒缸里似满非满，滤布上似尽未尽；花朵要开时乍遇秋寒，自然放慢速度，含苞待放，似开未开，似闭非闭。由此再看端坐枝头的鹢鹰"霜拳老足，必无虚下"，越王勾践卧薪尝胆的逆袭传奇，还有他用过的宝剑与神秘消失的剑匣，都饱含着引而待发的含蓄之美。

内爆：诗情画意

"含蓄"四言诗里说"是有真宰，与之沉浮"。所谓"有真宰"，意味着含蓄不能是空洞的，不能像马三立单口相声《祖传秘方》讽刺的那种情况，忍着痒，打开一层又一层的包袱，最后发现里面只有一张纸条，上书两个字"挠挠"。具备含蓄之美的作品，必须要有内在真实饱满的感情。

晚唐诗人李商隐存世的无题诗有十五首，再加上用"开篇"二

---

[1] 见唐代李贺《上之回》。

字为题的"准无题诗"近三十首,为后世编织了一张缠绵悱恻、迷离朦胧的含蓄之网。"相见时难别亦难""锦瑟无端五十弦""昨夜星辰昨夜风""一寸相思一寸灰""人间桑海朝朝变""更隔蓬山一万重"……每一首读来都不刻意、不牵强,我们却能从中感受到李商隐的诗心与真情。

而北宋初年,一些诗人以李商隐为宗师,形成的西昆体诗派,不但诗歌思想内容贫乏空虚,脱离社会现实,缺乏真情实感,还一味鼓吹"不说破",含蓄过了头,作品反倒大多机巧晦涩。

不妨再举一例。因写武侠小说著称于世的作家金庸,本名查良镛。他的祖上有一位清朝康熙年间的大诗人查初白,写过一首美丽的诗,其中一句"蛙声十里出山泉"深为作家老舍所喜爱。1942年,在抗战大后方的老舍写了一首《蜀村小景》,也描绘了蛙鸣:

> 蕉叶清新卷月明,田边苔井晚波生。
> 村姑汲水自来去,坐听青蛙断续鸣。

青蛙的鸣叫让老舍念念不忘。1951年,他专门为此写信给耄耋之年的齐白石:"敬恳老人赐绘二尺小幅四事,情调冷隽。……(二)蛙声十里出山泉,查初白句。……"老舍在信里,不但拟定画作题目,还提出具体构思,那就是"蝌蚪四五,随水摇曳;无蛙而蛙声可想矣"。

文学大家联手国画大师,一个命题构图,一个动手创作,成就了中国美术史上的经典《蛙声十里出山泉》。

这是一幅瘦长的立轴,画面两侧为墨色变幻晕染的溪谷,最深处两抹青色挥就远山。白石老人似乎信手涂涂抹抹,就搭造好这个幽邃深远的舞台。溪谷中，一笔笔遒劲爽利的墨线组合在一起，换别的场合说是"万条垂下绿丝绦"[1]也无不可，但在这里自然是迅疾流淌的清溪。六只蝌蚪演员般两两结组，又仿佛五线谱上跳跃的音符，荡漾出一曲欢快的山歌。

"含蓄"四言诗又讲"悠悠空尘，忽忽海沤"。空间维度里，细沙微尘游走飘荡，无拘无束；时间维度上，海水泡沫生成破灭，循环往复。从蝌蚪到青蛙，呈现的是典型的两栖动物变态发育，蝌蚪要经过一定的时间变成青蛙，同时，它的生活环境也会从溪水扩展到陆地。由此再来观画，便会发现创作者将时空两个维度完美地结合在一起，含蓄地传递出"蛙声十里出山泉"的主题。

真实饱满的感情，构成了含蓄的底蕴。或浅吟低诵李商隐的无题诗，或细细品鉴《蛙声十里出山泉》立轴，不难体会创作者呕心沥血的付出。在他们内心深处蓄积流淌的诗情，像是隐忍太久的火山，瞬间内爆，生成激荡的画意。

疏导：万取一收

我们常说物极必反，含蓄过了头，就成了刻意机巧、牵强晦涩。饱满诗情的表达，同样需要技巧。四言诗中的"浅深聚散，万取一收"，是在提示我们不管内心有多少诗情，表达出来的只能是灵犀一点；一旦放纵，任情感泛滥，含蓄之美就会被破坏殆尽。

---

[1] 见唐代贺知章《咏柳》。

时光回溯九百年，中国皇帝里艺术造诣最高的宋徽宗曾特设翰林图画院。我们不妨看看传说中他选拔画家时出的考试题目是什么："深山藏古寺""踏花归来马蹄香""嫩绿枝头红一点"……

如果你能回到宣和年间，想报考翰林图画院，让宋徽宗做自己的导师，你会怎样用画笔回答这些题目呢？我们已经用"蛙声十里出山泉"充作模拟诗卷，请依循含蓄之美的思路，看看你的创作是否和天子门生们一样吧！

考题一，"深山藏古寺"。优胜者：堂堂大山，密林葱葱，寺庙哪怕一角影子都不见，唯有一条小径通向山脚溪边，一个僧人正在汲水荷担。

考题二，"踏花归来马蹄香"。优胜者：落日黄昏，结伴骑马归来，不描绘一花一草，只点染三五蝴蝶簇拥马蹄起舞蹁跹。

考题三，"嫩绿枝头红一点"。优胜者：小亭一座，掩映在新绿树丛后，却无半朵红花，亭中少女倚栏靠柱，她的樱桃小口是画面中仅有的一抹红色。

如果把内在真实饱满的感情比作奔流不息的江水，那么这些天子门生就像大禹治水一样，善于疏导，如此才做到了"浅深聚散，万取一收"，形成恰到好处的含蓄之美。

如果有机会，你一定要实地考察中国古代最杰出的水利工程。在浙江，五千年前的古人于良渚古城的上游构筑了当时全世界规模最大的水坝系统，实现雨季拦洪、旱季蓄水；在四川，两千二百多年前，李冰父子修建都江堰，这座巨型水利工程最大的特点是无坝引水，直到今天仍在使用，嘉惠成都平原上数千万百姓；在广西，

位于四川省都江堰市的都江堰

落成于公元前214年的灵渠，沟通湘江漓江，连接起长江水系和珠江水系，通航、分流、蓄水、灌溉，各项水利功能兼备一体。

无论身在良渚，还是都江堰的鱼嘴，抑或灵渠的大小天平，我都忍不住感慨古人智慧何其高明，能把桀骜不驯的江河溪水从容疏导。我相信这种"浅深聚散，万取一收"的智慧早已渗透于民族的血脉基因中，和艺术创作者以含蓄之美为目标的创作息息相通。创作者如果太直白，笔墨翻澜，似裹挟沙石的洪水，很容易泥沙俱下。

两千五百年前，老子在《道德经》中说：

五色令人目盲，五音令人耳聋，五味令人口爽，驰骋畋猎令人心发狂，难得之货令人行妨。

纷乱的色彩，让人眼花；嘈杂的音调，使人失聪；丰盛的食物，令人失去味觉；纵情狩猎，叫人心情放荡发狂；稀罕的物品，诱惑人行为不轨。

眼花缭乱的炫技，正是含蓄之美的死敌。怎么办？老子反其道而行之，"为腹不为目，故去彼取此"。这也正是含蓄之美"万取一收"的真谛。

寻宝小贴士

越王勾践剑：剑长 55.7 厘米，柄长 8.4 厘米，剑宽 4.6 厘米，正面有鸟篆铭文"越王勾践自作用剑"。此剑 1965 年于望山楚墓群 1 号墓出土，现在是湖北省博物馆的镇馆之宝。2013 年被国家文物局列入《第三批禁止出境展览文物目录》。

齐白石书画：《蛙声十里出山泉》立轴已由老舍子女捐赠给中国现代文学馆。此外，位于北京地铁团结湖站和朝阳公园站之间的北京画院美术馆，是收藏齐白石书画真迹最完备、最丰富的美术馆，这里有主题不断更新的齐白石书画常设展览，值得参观。

都江堰：位于四川省成都市都江堰市城西，坐落在成都平原西部的岷江上，是全世界迄今为止年代最久、唯一留存、仍在使用、以无坝引水为特征的宏大水利工程。1982 年都江堰被国务院公布为第二批全国重点文物保护单位，2000 年"青城山—都江堰"被列为世界文化遗产。

12

豪放之美

观花匪禁，吞吐大荒。

由道返气，处得以狂。

天风浪浪，海山苍苍。

真力弥满，万象在旁。

前招三辰，后引凤凰。

晓策六鳌，濯足扶桑。

　　创作者只能看着花朵自在地卷舒开合，这不是人力所能约束的，创作者一呼一吸，胸怀要像日月出没大荒之地一样浩荡。经大道蕴蓄的豪气喷薄而出，创作才能狂放不羁。

　　天空中长风浩荡，大海与高山莽莽苍苍。创作者激情充沛，仿佛万事万物都在身旁，随时可以信手拈来。

　　什么是豪放？向前能招来日月星辰，回头可接引百鸟之王。清晨驾驭六只巨鳌泛海遨游，去往太阳升起的地方，在参天的扶桑树旁清洗双脚。

前一品是"含蓄"。在含蓄之美后,我们讨论豪放之美。

解读"豪放"四言诗

"观花匪禁,吞吐大荒"作何解?

我家不远处的公园里有个荷花池。春日,小荷才露尖尖角;入夏,接天莲叶无穷碧;秋来,露冷莲房坠粉红;初冬,雪封苔径,断梗残蓬……生、长、消、灭,这是自然规律。"观花匪禁"表现的也是这样一个自然过程,意思是花的卷舒开合,人力约束不得,提示我们对自然界的变化规律要有清醒通透的认识。

《山海经》里说,"东海之外,大荒之中,有山名曰大言,日月所出。"大荒,是太阳和月亮的家。日月之行,若出其中。它们升降隐现,即为吞吐。我们一呼一吸,胸怀要像日月出没大荒一样宏阔浩荡。所以清醒通透的认识和宏阔浩荡的胸怀,是豪放的前提。

接下来的"由道返气,处得以狂"又该怎样理解呢?

老子说:"水善利万物而不争,处众人之所恶,故几于道。"[1]意思是水善于帮助万物,却不与万物相争,让自己停留在人们所厌恶的地方,所以水近乎"道"。我们不妨通过杨万里的《桂源铺》来观察水,理解道,进而来理解什么是"由道返气,处得以狂"。

"万山不许一溪奔,拦得溪声日夜喧。"涓涓细流汇成小溪后,在点点滴滴中渐渐积蓄力量和气势。这个过程近乎"由道返气"。

"到得前头山脚尽,堂堂溪水出前村。"等到豪气充沛了,胸怀

---

[1] 见《道德经》。

自然浩荡，万山纵然拦得溪声日夜喧，也终究挡不住急湍甚箭，猛浪若奔。于是双溪汇九折，万马腾一鼓。万涧千溪汇作百川一江，奔流到海不复回。这个过程近似"处得以狂"。

由此形成的风景便是"天风浪浪，海山苍苍"。对于襟怀浩荡的创作者来说，此时"真力弥满"，也就是豪放之气充溢心胸，由此进入到"万象在旁"——万事万物为我所用，我却不为万事万物所累的创作状态中。

豪放之美的景象是怎样的？四言诗最后两句进行了描绘。

太阳、月亮、星星合称三辰，请注意作者在此处用的是一个"招"字，招来日月星辰，指点浩瀚宇宙，创作者何其豪放！继而转回头来，吸引得百鸟之王凤凰都折腰倾倒。此即为"前招三辰，后引凤凰"。

最后一句"晓策六鳌，濯足扶桑"又是什么意思呢？

成书于西汉的《淮南子》收录了女娲补天的故事，说"女娲炼五色石以补苍天，断鳌足以立四极"。传说鳌是生活在海中的一种大龟。女娲补天裂，斩断这种大龟的四肢，用来支撑苍天的四角。由此可知鳌之大。

你看豪放之美的创造者有多厉害？竟然把六只巨鳌统统征调来充当坐骑，驱使它们遨游碧海，赶去扶桑。

大抵成书于汉末六朝的《海内十洲记》说扶桑这个地方"地多林木，叶皆如桑，又有椹树，长者数千丈，大二千余围"。豪放之美的创造者来扶桑干什么呢？"濯足扶桑"，沧浪之水浊兮，他坐在数千丈高的巨树上，洗脚。

席卷天下之形，包举宇内之象

清楚了招三辰、引凤凰、策六鳌、濯足于扶桑的意思后，我觉得对于豪放之美最直接的认识，首先是外在形式和气象上，应该具有席卷天下、包举宇内的宏大魄力。

读《史记》，我们可知汉高祖刘邦不仅曾与关中父老约法三章，更全盘沿袭了秦的行政、法律等各项基本制度。"汉承秦制"提示我们要把秦汉视为一个整体，并由此认识中华文明史上第一个统一的大帝国时期。

这个大帝国的气象是豪放的，表现在文学上，创造出博富绚烂、穷极形貌的汉大赋。司马相如的子虚、上林，扬雄的甘泉、长杨，班固两都，张衡二京，莫不铺陈恣肆、瑰丽张扬。但诉诸感官，我以为豪放到最不可思议的，还是用园林和轴线点缀起的大地景观。

不妨先从中华文明的帝国时代末叶说起。1884年，为了让慈禧太后颐养天年，光绪皇帝下令重建被英法联军烧毁的清漪园。这座皇家园林的名字也更改为我们今人熟知的颐和园。

颐和园占地约二百九十公顷，面积相当于四百多个足球场。园内北有万寿山，南有昆明湖，这种布局在中国传统造园艺术中称为"移天缩地"。在昆明湖东南岸铸造了一头铜牛，对应着，在湖的西北岸建造了织女亭。造园家化用牛郎织女的传说，暗示昆明湖是天上的银河。透过这些设计手法，可见颐和园的气魄不小。

比之晚清重建的颐和园，兴修于康乾盛世的另外两座皇家园林规模更大。号称万园之园的圆明园占地三百五十公顷，承德避暑山庄面积超过五百六十公顷。但它们和秦汉时的皇家园林相比，真是小巫见大巫了。由秦始皇始建、汉武帝扩充的上林苑，纵横近三百五十平方公里，整整相当于一百个圆明园。

再来看中轴线。从元大都起，北京就形成了东西呼应、布局对称的轴线。到了明清，北京城的中轴线南起永定门，北至钟鼓楼，直线距离长约7.8公里。

汉长安城有没有中轴线呢？答案是有一条超越长安城、超出今人想象力的轴线。

我们俯瞰地图，以东西流向的渭河为界，河南岸是"为乐当及时"[1]的汉长安城，河北岸是以汉高祖刘邦长陵为首的亡灵世界。汉初的规划师设计了一条南北轴线，串接起长陵和长安城。这条轴线的南端在终南山中的圭峰，北段则在如今三原县境内的天井岸村。这条大汉帝国心脏区域的轴线，南北全长近八十公里，足足是明清北京城中轴线的十倍。

从如今西安驱车北上，过渭河，穿西汉帝陵区，直达天井岸村。这座看上去很普通的村庄还保留有两千年前西汉礼制建筑的巨大遗迹。十字形排列的五座巨大夯土台基，是五帝祠。在五帝祠西侧，有一个人工开挖的巨型盆状深坑。坑顶直径约三百米，坑底直径近二百米，深度超过三十米。

这就是天井，天井岸村由此得名。传说这里是西汉帝国的大地

---

[1] 见汉代《古诗十九首·生年不满百》。

原点，由此笔直往南延伸八十公里，就是终南山的圭峰。圭，本是上圆下方的长条形玉器，在祭祀中与天、太阳相关。因此以圭峰和天井为两端，南北之间便是法天象地的阴阳世界，一条无形的轴线串接起生者欢娱的长安城与死者长已矣的帝王陵寝。

若是我们已叹服颐和园、明清北京城中轴线的豪放，那么回溯两千年，面对上林苑、西汉帝国核心区的龙脉，我们又该如何顶礼膜拜？

囊括四海之意，并吞八荒之心

除了外在形式上的席卷天下、包举宇内，这豪放反映在内在精神气质上，应该是魄力雄大到有囊括四海之意，并吞八荒之心。

继秦汉后，隋唐是中华文明史上又一个大帝国时期。长安洛阳，龙门石窟，九嵕山巅李世民的昭陵，梁山上高宗李治和女皇武则天的乾陵，无不有"天风浪浪，海山苍苍"的气象。而说到隋唐帝国

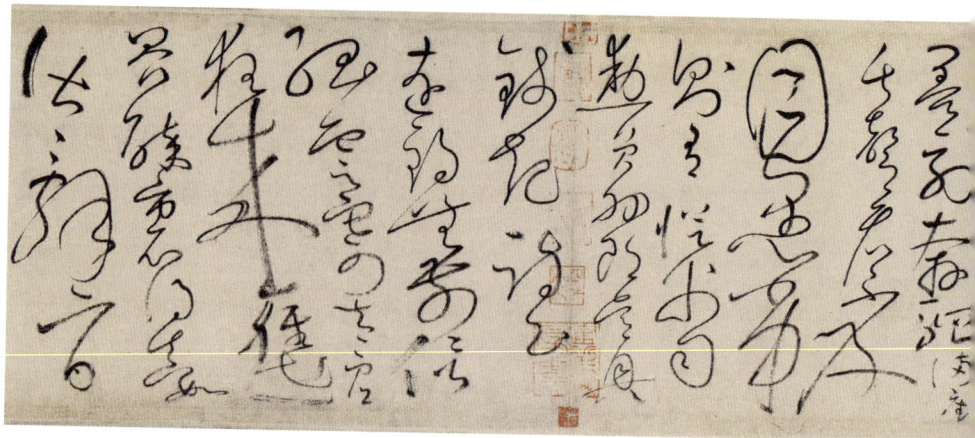

内在气质上的豪放，余光中在《寻李白》里有三行诗写得极为精彩：

> 酒入豪肠，七分酿成了月光
>
> 余下的三分啸成剑气
>
> 绣口一吐，就半个盛唐

杜甫名篇《饮中八仙歌》里，少不了"天子呼来不上船"的诗仙李白，也有与之比肩、"脱帽露顶王公前"的草圣张旭。他嗜酒，每次大醉后都呼叫狂走，然后拿自己的头发蘸墨，"挥毫落纸如云烟"，醒来还会自我表扬：写得神了，不可复得。

另一位草书圣人怀素和尚喜欢在墙壁上写字，李白说他"起来向壁不停手，一行数字大如斗"[1]。在传世的《自叙帖》中，怀素说如果面对粉壁长廊数十间，自己兴致来了，小小释放一下胸中豪气，其结果就是"忽然绝叫三五声，满壁纵横千万字"[2]。

---

[1] 见唐代李白《草书歌行》。
[2] 见唐代窦冀《怀素上人草书歌》。

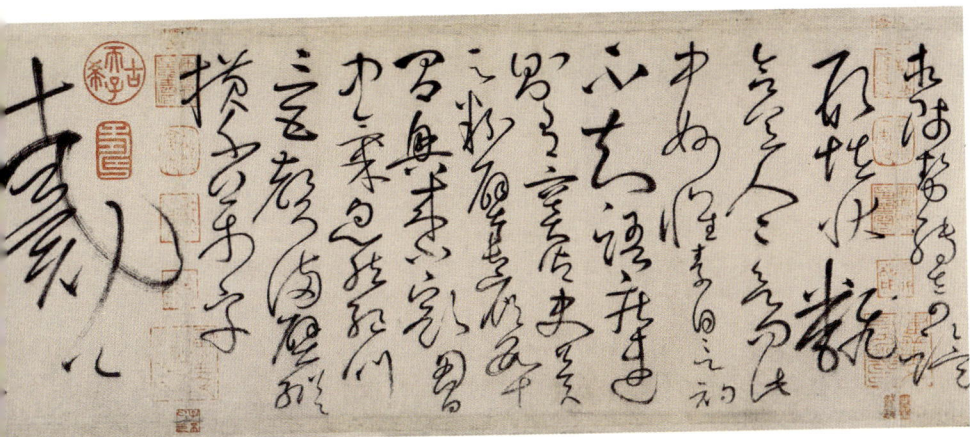

《自叙帖》（局部） 唐 怀素 台北故宫博物院藏

　　这是一个豪放时代，天才成群地来，怒涛卷霜雪般，个个"处得以狂"。某日，在东都洛阳的天宫寺，将军裴旻出重金请画圣吴道子绘制壁画。吴道子如数奉还酬金，只提出一个要求：久闻将军有剑圣之誉，若能舞剑助兴，我画好画绝对没问题。裴旻一口答应，舞动双剑，如缠蛟龙。如有神助的吴道子片刻后完成了壁画，又亲自为之设色。草圣张旭也赶来助兴，泼墨题壁。围观的百姓都兴奋地说："一日之中，获睹三绝。"[1]

　　这真是一个让人神往的豪放时代啊！草圣、画圣、剑圣如此，诗坛更璀璨无比。边塞诗的辉煌不消说了，李白的"江入大荒流"[2]，杜甫的"乾坤日夜浮"[3]，后世又有几人写得出？"李杜文章在，光焰万丈长。"[4]诗仙、诗圣如此，不到二十八岁就撒手人寰的诗鬼李贺也豪放得惊人：

　　　　秦王骑虎游八极，剑光照空天自碧。

　　　　羲和敲日玻璃声，劫灰飞尽古今平。[5]

　　为何唐人豪放，有着巨人一样的精神气质？因为他们站得稳，脚踩着大地，对自己的王朝充满了自豪，所以才能有囊括四海之意、并吞八荒之心。

　　为何唐人一任豪放，却不失于粗鄙喧嚣？关于这个问题，我想

---

[1] 见唐代朱景玄《唐朝名画录》。
[2] 见唐代李白《渡荆门送别》。
[3] 见唐代杜甫《登岳阳楼》。
[4] 见唐代韩愈《调张籍》。
[5] 见唐代李贺《秦王饮酒》。

用一个古希腊神话来回答：巨人安泰俄斯是大地女神的儿子，力大无穷，只要保持和地面接触，就不可战胜。大力神赫拉克勒斯发现了他这个命门，在决战中把他举在空中扼死。

豪放的唐人、汉人，都稳稳地脚踏大地。如同扶桑树，越高大，根就潜入大地越深。他们深爱着这片土地，就像千百年后的诗人艾青在《我爱这土地》中所咏叹的那样：

> 假如我是一只鸟，
> 我也应该用嘶哑的喉咙歌唱：
> 这被暴风雨所打击着的土地，
> 这永远汹涌着我们的悲愤的河流，
> 这无止息地吹刮着的激怒的风，
> 和那来自林间的无比温柔的黎明……
> ——然后我死了，
> 连羽毛也腐烂在土地里面。
> 为什么我的眼里常含泪水？
> 因为我对这土地爱得深沉……

扎根大地是一切豪放之美的基础。爱得深沉的同时，我又担心读者们会错了意。我借雄唐盛汉来讲豪放之美，是希望大家进一步去读鲁迅的《看镜有感》，学习他的观点：

> 遥想汉人多少闳放，新来的动植物，即毫不拘忌，来
> 充装饰的花纹。唐人也还不算弱，例如汉人的墓前石兽，

多是羊，虎，天禄，辟邪，而长安的昭陵上，却刻著带箭的骏马，还有一匹驼鸟，则办法简直前无古人。

2013年3月14日，欧洲核子研究组织的物理学家们宣布确认探测到构成物质最小单位的最后一种粒子——希格斯玻色子；2019年4月10日，美国国家科学基金会的天文学家们公开发布了第一张宇宙黑洞照片。

比观花匦禁，他们看得更精微；比晓策六鳌，他们看得更浩渺。这是人类最新鲜的豪放之美。此刻，我又想起鲁迅的教诲来，并深以为是，"要进步或不退步，总须时时自出新裁，至少也必取材异域，……放开度量，大胆地，无畏地，将新文化尽量地吸收"[1]。

寻宝小贴士

颐和园：位于北京市海淀区，1961年被列为第一批全国重点文物保护单位，1998年被列入《世界遗产名录》。颐和园是巧借自然山水修建的园林典范，昆明湖、万寿山等园内景致与被借景入园的玉泉山、西山一起构成了虽由人作、宛自天开的风景。

北京中轴线：这是古都北京的中心标志，也是世界上现存最长的城市中轴线。目前正在开展申遗工作，确定了永定门、先农坛、天坛、正阳门及箭楼、毛主席纪念堂、人民英雄纪念碑、天安门广场、天安门、社稷坛、太庙、故宫、景山、万宁桥、鼓楼及钟楼等十四处遗产点。

---

[1] 见鲁迅《看镜有感》。

13

精神之美

欲返不尽，相期与来。

明漪绝底，奇花初胎。

青春鹦鹉，杨柳楼台。

碧山人来，清酒深杯。

生气远出，不着死灰。

妙造自然，伊谁与裁。

"精神"四言诗最后说"妙造自然",这里的自然指的是天道。落实到具体的社会环境中,可以理解为时代的运行规律。精神之美的创造有赖于契合这种规律。如鲁迅在《现今的新文学的概观》里所说:"各种文学,都是应环境而产生的,推崇文艺的人,虽喜欢说文艺足以煽起风波来,但在事实上,却是政治先行,文艺后变。"

政治经济先行运转,形成特定的环境氛围,也就是我们常常说的一个时代有一个时代的精神。具备精神之美特征的作品,反映的正是那个时代总体的精神面貌与风尚气象。所以我们很难说天然山水有精神之美,因为这种美是属于文学、美术、建筑等人力创作的。了解这一点后,我们再来大略翻译这首四言诗。

作品要想有精神之美,创作者须捕捉真情实感,与时代精神不期而遇。这精神就像清澈见底的碧水荡漾生成的波纹,又像奇异之花最初的蓓蕾。

明艳的春光,五色的鹦鹉,新绿的杨柳,掩映着楼台。幽居的高士从碧山中款款走来,我与他斟满清酒,笑语欢言。

到处都充溢着生动的气息,没有一点点惨淡的败象。这精神来自时代社会的运行规律,不可强求,亦无法生编硬造。

时代精神直接投射在艺术创作中，于建筑，梁思成在《中国建筑史》中说：

> 建筑之规模、形体、工程、艺术之嬗递演变，乃其民族特殊文化兴衰潮汐之映影；一国一族之建筑适反鉴其物质精神，继往开来之面貌。……中国建筑之个性乃即我民族之性格，即我艺术及思想特殊之一部，非但在其结构本身之材质方法而已。

梁思成、林徽因曾按建筑结构表现的效果，提炼出中国古建筑不同时代的精神气象，形成了三组有名的关键词：隋唐豪劲、宋辽金醇和、明清羁直。

时代精神直接投射在艺术创作中，于文学，《宋元戏曲考·自序》一开篇，王国维就斩钉截铁地说：

> 凡一代有一代之文学：楚之骚，汉之赋，六代之骈语，唐之诗，宋之词，元之曲，皆所谓一代之文学，而后世莫能继焉者也。

梁思成、林徽因提炼的关键词，王国维讲的"一代有一代之文学""后世莫能继焉"，无不提示我们，具备精神之美特征的作品，蕴含着任何时代都未曾有过的精神，具有独一无二的"时代性"，好比奇花初始的蓓蕾，后世无从模仿。

那么，精神之美的创作者具备怎样的独特品质呢？

石狮"生气远出"，极富生命力

其一，精神之美的创作者必须极富生命力，有着"生气远出"的博大气象。

690年，六十七岁的武则天正式称帝。这位圣神皇帝马上下令把自己母亲杨牡丹的坟墓更名为"顺陵"，同时大兴土木。一番扩建后，中国艺术史上空前绝后的杰作横空出世，这就是屹立于顺陵南侧两重大门之间的一对石走狮。

这是两头巨型石狮，算上基座总高近四米，各用一整块巨石凿刻雕就，每头估计重量超过三十吨。让人叹为观止的远非工程的浩大，而是它们无与伦比的壮美。发达的四肢，或是关节紧绷如砥柱，或是后踞聚力似强弓，支撑起健硕的躯干。庄严的头颈、饱满的胸肌，与躯干四肢一起组合为完美的整体造型，浑圆厚重的轮廓里蓄满剑拔弩张的伟力。

两头巨狮的头部不约而同微微向内侧摆，呼应着彼此澎湃的心跳。它们不怒自威，目光肃杀严厉。因为毗邻国际机场的缘故，总有飞机轰鸣声在低空中回荡，仿佛是巨狮深沉可怖的吼叫，向趋近的人族宣

位于陕西省咸阳市的顺陵石狮

告，它们才是这洪濩塬旷野上真正的主人。

我曾久久和雄狮对视。它迈出的右前爪与相对后收的左前肢，将缓步前行的动态定格凝固，头部的趋前探出与微偏，又暴露了它正竭力打破这凝固瞬间的企图。相比威猛的雄狮，雌狮体格更大，造型更趋严正静穆，位置也更向前，俨然代言初登帝位的武则天。一言以蔽之，这一对行走的巨狮绝不是冰冷冷的两块石头，而是有活泼泼精神的生命。它们不是李唐帝王豢养的宠物，而是女皇武则天的精神写照。

是什么精神的写照呢？晚年武则天回忆自己还是宫女时，当时的皇帝李世民有一匹叫"狮子骢"的宝马，无人能够驯服。武则天对李世民说：陛下只要给我三件东西，我就能驯服狮子骢。一是铁鞭，二是铁楇，三是匕首。先用铁鞭教训，不服就用铁楇打马头，再不服，就用匕首切断它的喉咙。[1]

桀骜、不羁、野性、张扬，顺陵石走狮既是武则天个人的精神写照，也是那个时代的精神象征。这对石狮如实地反映着时代的发展，因而是典型的"奇花初胎"，并成为文学史家林庚概括的"盛唐气象"的先导：

> 盛唐气象是饱满的、蓬勃的，正因其在生活的每个角落都是充沛的；它夸大到"白发三千丈"时不觉得夸大，它细小到"一片冰心在玉壶"时不觉得细小；正如一朵小小的蒲公英，也耀眼地说明了整个春天的世界。它玲珑透

---

[1] 见北宋司马光《资治通鉴》。

彻而仍然浑厚，千愁万绪而仍然开朗；这是植根于饱满的生活热情、新鲜的事物的敏感，与时代的发展中人民力量的解放而成长的，它带来的如太阳一般的丰富而健康的美学上的造诣，这就是历代向往的属于人民的盛唐气象。[1]

庾信"不着死灰"，发唐诗先声

其二，精神之美的创作者可以"不着死灰"，具有继往开来的本领，能够发时代之先声。

和上文讨论的顺陵石走狮一样，诗圣杜甫也是盛唐精神的象征。他光明正大、顺畅洞达、磊磊落落，用南宋大儒朱熹的话说，可以望其诗文"而得其为人"[2]。忍不住好奇的我此处要问一句：杜甫伟岸如斯，他的偶像会是谁？

还是从杜甫的自述中寻找答案吧。他说过"清新庾开府"[3]，"哀伤同庾信"[4]，"庾信平生最萧瑟"[5]，"庾信文章老更成"[6]……是的，这位集清新、哀伤、萧瑟、老成于一身，凌云健笔意纵横的庾信，正是诗圣杜甫的偶像。

庾信，又是谁？

庾信，字子山，生于513年，自幼聪敏绝伦。早年在南朝萧梁

---

[1] 见林庚《盛唐气象》。
[2] 见南宋朱熹《王梅溪文集序》。
[3] 见唐代杜甫《春日忆李白》。
[4] 见唐代杜甫《风疾舟中伏枕书怀三十六韵奉呈湖南亲友》。
[5] 见唐代杜甫《咏怀古迹五首·其一》。
[6] 见唐代杜甫《戏为六绝句·其一》。

宫廷里，"翡翠珠被，流苏羽帐"[1]，"酒醺人半醉，汗湿马全骄"[2]，他是新艳靡丽的宫体诗代表。三十六岁时，江南爆发侯景之乱，庾信匆匆逃亡，人生陡转。六年后，四十二岁的庾信奉命北上，出使西魏，但因时局骤变，从此羁旅关中，再没回到江南故乡。

庾信在西魏北周不但官越做越大，创作风格也为之一变，被杜甫形容为"暮年诗赋动江关"[3]：

> ……水毒秦泾，山高赵陉，十里五里，长亭短亭，饥随蛰燕，暗逐流萤，秦中水黑，关上泥青。于时瓦解冰泮，风飞电散，浑然千里，淄渑一乱，雪暗如沙，冰横似岸。逢赴洛之陆机，见离家之王粲，莫不闻陇水而掩泣，向关山而长叹。……[4]

581年，隋文帝杨坚取得帝位，庾信去世，没能亲眼见证八年后的南北一统。在中国文学史上，通常认为庾信谙熟南朝齐梁文学在声律、对偶等方面的技巧，加之由南仕北、有去无归的经历，使他浸染了北朝文学劲健浑灏的风华，从而在艺术造诣上"穷南北之胜"[5]。这些话如果你读来感觉空洞，我将用视觉形象的例子来对比说明。

南朝齐梁两代帝王的陵墓，大多坐落在如今的江苏丹阳境内。陵墓前的石兽多多少少保存下来。这些和庾信同时代的石兽头部高

---

[1] 见南北朝庾信《灯赋》。
[2] 见南北朝庾信《咏画屏风诗》。
[3] 见唐代杜甫《咏怀古迹五首·其一》。
[4] 见南北朝庾信《哀江南赋》。
[5] 见清代倪璠《注释庾集题辞》。

昂，脖颈修长，前胸凸起，腰身窈窕。S形的身姿不胜娇羞，恰似庾信早岁《春赋》里的"眉将柳而争绿，面共桃而竞红"，彰显着流畅招摇的曲线美，细部的装饰刻画更以繁复夸耀见长。

554年，庾信北上出使时，西魏文帝元宝炬的永陵刚刚完工不久。元氏陵前也有一对石兽，如今一头被搬到了西安碑林，另一头仍保存在陕西富平的乡野原址。这两头石兽的造型真是质朴至极，体态生硬刚直，外表几无装饰，观之荒疏寡淡，如读庾信暮年《小园赋》里的"风骚骚而树急，天惨惨而云低"，和丹阳的那些南朝石兽们形成了极其鲜明的反差。

"胡马依北风，越鸟巢南枝。"[1]同一时代南北帝王陵墓前的石兽，面貌气象差异之巨，纵使过了一千五百年，在我们看来仍然是那么醒豁醒目。试想当年的庾信，一位极其敏感的大诗人，心理上将承受怎

位于江苏省丹阳市的齐景帝萧道生修安陵石兽　乔鲁京/摄

位于陕西省富平县的西魏文帝元宝炬永陵石兽

[1] 见汉代《古诗十九首·行行重行行》。

样的煎熬折磨啊？然而他能用坚韧的勇气与毅力因应环境变迁，调和南北迥异的风尚，以清新华丽的语汇，写尽悲怨愁苦之事。

"精神"四言诗里说"生气远出，不着死灰"。寻常诗人遭遇天地翻覆，早已遍着死灰，生气全无。庾信则不然，在生命后半程的创作中，他泪尽继之以血，用自己的泪水与血水把死灰反复搅拌。《哀江南赋》《小园赋》《拟咏怀二十七首》，庾信用这些"奇花初胎"的杰出范本，塑造出引领时代的全新生气——沉郁顿挫。

这是超迈于"精神"的精神，犹如惊蛰节气里的第一声春雷，发时代之先声。无怪乎庾信是诗圣杜甫崇拜的偶像，无怪乎他既是南北朝文学集大成的终结者，更是唐诗辉煌的启幕人。

松雪"欲返不尽"，融古今南北

其三，精神之美的创作者需要坚守"欲返不尽"的本心，能调和古今南北，顺应时代社会的运行规律。

"心逐南云逝，形随北雁来。"[1]1127年靖康之变，宋金对峙。此后一百多年间的华夏文化，无论诗词中的陆游、辛弃疾，书画里的张即之、马远，我们今人更熟悉的是南方，对北方则很陌生。或许只有"一代文宗""北方文雄"元好问填的一阕《摸鱼儿·雁丘词》家喻户晓：

> 问世间，情为何物，直教生死相许？天南地北双飞客，
> 老翅几回寒暑。欢乐趣，离别苦，就中更有痴儿女。君应

---

[1] 见南北朝江总《于长安归还扬州九月九日行薇山亭赋韵》。

有语：渺万里层云，千山暮雪，只影向谁去？

　　横汾路，寂寞当年箫鼓，荒烟依旧平楚。招魂楚些何
嗟及，山鬼暗啼风雨。天也妒，未信与，莺儿燕子俱黄土。
千秋万古，为留待骚人，狂歌痛饮，来访雁丘处。

　　这还得感谢金庸在小说《神雕侠侣》里的反复引用。今人陌生
如斯，不等于八百年前的北方就是一片文化沙漠。蔡珪、刘迎、赵
秉文的诗文，党怀英、王庭筠的书法，武元直的《赤壁图》，董解元
的《西厢记诸宫调》，都是金朝文艺繁盛的孑遗。

　　1279年，南宋覆灭，元朝大一统，可南北文化依旧各逞其能，如
冰山般对峙。凭一己之力，实现汉语文化大一统的，是有"元人冠冕"

之誉的松雪道人赵孟頫。论书法，他与唐代的欧阳询、颜真卿、柳公权并称"楷书四大家"；论绘画，王维、苏轼一脉的文人画，"至松雪敞开大门"，成为此后七百年来任何画家绕不开的枢纽总闸。

1292年，赵孟頫到济南为官。三年后一回到家乡吴兴，他就去拜访忘年好友周密。周密是南宋遗民，但祖籍济南，赵孟頫不仅兴致勃勃地向他介绍济南山川风光，更亲笔绘制了一卷堪称"奇花初胎"的名作《鹊华秋色图》。

画面右侧金字塔般突耸的，是幽蓝色调的华不注山，峻峭高拔得似乎要刺破天穹；盘踞画面左侧，青黝黝若水牛背脊的，是鹊山。它浑圆厚重，相比特立独行的华不注山，愈显朴实。这两座山一高一矮，一个形销骨立，一个横健强拙，仿佛高音低声，你唱我和，

《鹊华秋色图》　元　赵孟頫　台北故宫博物院藏

分明是一曲无伴奏咏叹，一首已凝固七百年的歌。

我曾亲耳聆听这首古歌，那深浅不一、幻化无尽的蓝调，那潇洒遒劲、点画自若的披麻皴法，总能赋予我绕梁三日的回味，更促使我选在洒金流朱、万类霜天的季节跑到济南，实地去看真风景。

先去的是华不注山。李白赞美"兹山何峻秀，绿翠如芙蓉"[1]。我印象深刻的，则是当时满大街的房产销售人员纷纷举着"华山湖开挖，房产价值飙升"的牌子。再访地处黄河北岸、泺口铁路大桥旁的鹊山。登上这座小山，暮色里向南眺望，果然看见成群的喜鹊飞入滩涂畔的杨树林中。下到山脚，回头的刹那，夕阳正用柔和的光给鹊山上方鳞次栉比的云镶嵌金边。

七百多年前，这风景也曾纳入赵孟頫的视线吧？当然《鹊华秋色图》被视为中国山水画的里程碑，不仅因为这是他实地观察后的写实描绘，更在于画法上体现了赵孟頫本人"欲返不尽"的创作理想：

> 作画贵有古意，若无古意，虽工无益。今人但知用笔纤细，傅色浓艳，便自以为能手。殊不知古意既亏，百病横生，岂可观也。吾作画似乎简率，然识者知其近古，故以为佳。此可为知者道，不为不知者说也。[2]

《鹊华秋色图》的古意是什么？明末艺术大家董其昌的解答是"有唐人之致，去其纤；有北宋之雄，去其犷"[3]——汲取唐代山水

---

[1] 见唐代李白《古风五十九首·其二十》。
[2] 见元代赵孟頫《自跋画卷》，载明代张丑《清河书画舫》。
[3] 见明代董其昌《〈鹊华秋色图〉题跋》。

画的精致，又避免了细弱；具备北宋山水画的雄伟，又去除了粗野。"精神"四言诗开篇说"欲返不尽，相期与来"，《鹊华秋色图》简率、有古意，体现的正是赵孟頫"欲返不尽"的本心。这本心应当理解为他试图回溯到经典诞生的原初起点，追摹学习的同时，又顺应自身所处时代的社会运行规律，不断调试修正自己的艺术追求。

元末明初的画家夏文彦认为赵孟頫"书法二王，画法晋唐"[1]。王羲之、王献之父子的书法，晋唐时代的绘画，这些经典就是赵孟頫"欲返不尽"的原初起点。所以于书法他会提出"用笔千古不易"[2]，于绘画他会倡导"作画贵有古意"。因为这正是他为当时陷入停滞、枯竭的南北文化找寻到的充满生机的源头活水。

松雪道人赵孟頫用寻根溯源、不忘本心的大魄力，让南北对峙的冰山渐次消融，使得百川东流奔入大海。汇古今，调南北，是他一统汉语文化，成就起"大哉乾元"[3]的恢宏气象与包容和谐的时代精神。

寻宝小贴士

唐顺陵：顺陵是武则天之母杨氏之墓，位于咸阳市渭城区底张镇韩家村。因为这里的石雕艺术在中国雕塑史上有着崇高地位，所以早在1961年，顺陵就被国务院公布为第一批全国重点文物保护单位。顺陵附近就是西北地区最大的空港——西安咸阳国际机场，参

---

[1] 见元末明初夏文彦《图绘宝鉴》。
[2] 见元代赵孟頫《兰亭帖十三跋》。
[3] 这是《彖》对《易经》第一卦"乾卦"的卦辞"元亨利贞"中的"元"的解释，也是元朝国号"大元"的出处。

观者可在抵达或离开机场时，安排时间前往参观。

丹阳南朝陵墓石刻：南北朝时，中国南方地区相继出现的宋齐梁陈四个朝代合称南朝。南朝皇帝和王侯陵墓前的神道石刻全部位于江苏省境内。除一处在句容外，其余石刻散布于南京和丹阳。其中丹阳境内分布的多为齐梁遗存。1988 年，丹阳南朝陵墓石刻被国务院公布为第三批全国重点文物保护单位。外地游客可乘高铁至丹阳北站，包车寻访星散乡野的各处石刻。

西魏永陵：南北朝时，北魏分裂为西魏和东魏。元宝炬是著名的北魏孝文帝的孙子、西魏开国皇帝。他在 551 年去世后，安葬于永陵。这座陵墓位于如今陕西省富平县境内，1996 年被国务院公布为第四批全国重点文物保护单位。永陵西北是京昆高速公路，游客可乘车前往。

鹊山与华不注山：鹊山位于山东省省会济南市北郊，在黄河北岸的泺口铁路大桥旁。华不注山位于济南市区东北，现已辟为生态湿地公园。赵孟頫绘制的《鹊华秋色图》保存于台北故宫博物院，每隔三五年会在特定的临时展览中短暂展示。

赵孟頫相关遗迹：赵孟頫是吴兴人。吴兴就是如今浙江省湖州市的吴兴区。他的故居早已不存，但湖州方面兴建了"赵孟頫故居旧址纪念馆"。赵孟頫墓位于湖州市德清县境内，2013 年被国务院公布为第七批全国重点文物保护单位。

14

缜密之美

是有真迹，如不可知。

意象欲出，造化已奇。

水流花开，清露未晞。

要路愈远，幽行为迟。

语不欲犯，思不欲痴。

犹春于绿，明月雪时。

　　确实有些作品可以达到自然传神的境界，只不过很难把握这个境界，更难以言传。意象的创造呼之欲出，巧夺天工，奇妙之处绝非寻常人力所能及。

　　就像水流花开，就像清晨花草上还未蒸发的露珠。创作者的探索好似在山间要道上越走越远，创作者深入细致的思虑仿佛迟缓的步履。

　　创作语言和手法不要重复烦琐，创作思路和想法不要板滞僵化。应该像春日里的一片新绿，应该像明月映照白雪一片澄明。

身边若有朋友为人细腻敏感，办事周到，我们往往会说他"心思缤密"。这里讲的缤密大体是细密的意思。反映到中国传统艺术中，比如去看北宋绘画，无论是张择端的《清明上河图》，还是范宽的《溪山行旅图》，都有千笔万笔，笔笔精到，密密交错，星星点点地编织出繁华市井或是堂堂大山。

更神奇的地方在于艺术家能够超越这形式上的缤密，让活泼泼的各色人等、仰之弥高的崇山飞瀑跃然纸上，呼之欲出。这便是"缤密"之美的真谛了——笔墨落于纸绢，点染皴擦，仿佛穿针引线，密密缝成一张大网，而你欣赏作品所感受到的气息，则幻化为一条穿越了形式之网的鱼儿。这鱼和网的关系，就像上文所引"缤密"之诗最后一句所说的：新绿之于春日，明月映照白雪。

从诸美兼备中发现缤密

在浩瀚的中国宝藏里，选什么作为"缤密"之美的代言呢？我想还是先从北宋画家范宽的《溪山行旅图》为你讲起。

这是一张高达两米的巨幅立轴，远山巍峨高耸，仰之弥高。山巅丛林茂密，郁郁葱葱。大山深处飞瀑如练，直下三千尺。堂堂大山的脚下是画面的前景，只见奔流的涧水旁，一队驮载货物的商队正缘溪而行。

有人说《溪山行旅图》有包孕宇宙之势，堪称"宋画第一"。我想告诉你的是，这张大画诸美兼备：雄浑、冲淡、沉着、高古、典雅、劲健、自然、豪放……《溪山行旅图》几乎呼应着"二十四美"

中的每一美！它的每一种美都可以从容落笔，细细阐释。这正是中华宝藏中顶级艺术品、顶级风景的魅力所在。

我们仅从缜密之美的角度来看《溪山行旅图》。范宽先以劲健的线条勾勒出山石峻峭的边沿，然后反复中锋运笔，用雨点皴法描绘出山体质感和阴阳向背。你只需想象"雨点皴"或"芝麻皴"这样彰显细密的名称，就不难理解这种绘画技法的繁复程度。为了表现出大山凹凸，范宽在轮廓线和山体内侧施加皴笔时，特意在边缘处留下少许空白。如果你有机会看到原作，仔细观察他的用笔，就会发现每一笔都沉稳坚实，透着十足力道。

诸美兼备是顶级艺术品、顶级风景的魅力所在，更重要的是诸美平衡。平衡不等于平均，而是主次有致。表现在《溪山行旅图》中，雄浑高古自然豪放是主，相对而言我在上文论说的缜密其实是次要的。那么有哪件艺术品、哪处风景是以缜密之美为主的呢？

实现缜密之美需要"三级跳"

我想向你推荐《青卞隐居图》。这张元末画家王蒙的代表作，高约一米四，表现的是王蒙家乡浙江湖州郊外卞山一带的风景。在这张立轴里，峰峦重重叠叠，山间林木浓密，小路盘桓曲折。一派大好风光的营造，依靠的是画家的缜密笔法。

王蒙的外公是元代乃至最近八百年来最伟大的书画家赵孟頫，他从小受到良好的艺术熏陶，作画技巧极其娴熟。表现在《青卞隐居图》里，就是同时使用披麻皴、解索皴、牛毛皴等多种绘画技法。

较之雨点、芝麻，披麻、解索、牛毛三种皴法朝着缜密的方向更上一层楼。这极端精细的笔墨技法，辅以高度繁复的空间分割，体现的正是缜密之美的第一重要求，那就是娴熟的技巧。

不过仅仅熟练地掌握技巧，还不足以展现缜密之美。这就好比你弹奏一首乐曲，不但要能攻克高难度的段落，更需要掌控整部作品的轻重缓急、起承转合。落实到《青卞隐居图》中，王蒙不是一味炫技，而是让自己娴熟的技巧服务于宏观上层层推进的高远构图。唯其如此，这张画才格外耐看：近距离观察每一局部，技法之高明让你折服；远距离感受整体效果，水墨淋漓酣畅，气韵流动不羁。凡此体现的正是缜密之美的第二重要求——完整的构思。

有了娴熟的技巧、完整的构思，是否就意味着"意象欲出，造化已奇"了呢？答案仍然是否定的。这是因为缜密之美还有第三重要求，也是最不容易实现的，这就是诗意的洋溢。

所以我需要带你第三度欣赏《青卞隐居图》。

请你暂且把对技巧娴熟于心、构思完整于胸的种种赞美置之脑后，去眺望画中远山高悬的瀑布，看它如何"一条界破青山色"[1]，再遥瞰山腰深处三座草堂，隐约可见有人抱膝而坐，继而侧视山脚，注目老翁拄杖，缓步徐行山阴道上。如此一番细细读来，你会发现这分明是陶渊明在《归去来兮辞》里描绘的景致：

> 倚南窗以寄傲，审容膝之易安。园日涉以成趣，门虽
> 设而常关。策扶老以流憩，时矫首而遐观。云无心以出岫，

---

[1] 见唐代徐凝《庐山瀑布》。

《青卞隐居图》 元 王蒙
上海博物馆藏

鸟倦飞而知还。景翳翳以将入，抚孤松而盘桓。

你再琢磨片刻也许会恍然大悟，这不正是"缜密"四言诗里讲的"水流花开，清露未晞。要路愈远，幽行为迟"吗？

所以诗意的洋溢，才是王蒙《青卞隐居图》的真正厉害处，也是缜密何以为美的关键。

简单地说，娴熟的技巧如经，完整的构思似纬，一纵一横往复穿梭，经纬编织出一张繁难之网。这张网最容易拘束于形式本身，最容易暴露出人为刻画的针脚，一言以蔽之，炫技流于做作，奇思沦为矫揉。如何才能成为"如不可知"的真迹、进入缜密之美的境界？我想别无他法，唯有诗意的洋溢，才是神来之笔，仿佛鲤鱼跳龙门一般，跳过去就变化为龙。一旦跳不过去，仍是黄河三尺鲤，"归来伴凡鱼"[1]，直落徒有其表的繁难之网。

缜密由人作，美需如天开

王蒙用《青卞隐居图》实现了龙门一跃，达至缜密之美的境界。也许你要追问：如何挣脱形式上的繁难之网，跃入缜密之美？所谓的诗意洋溢又从哪里来？

我的回答是八个字：虽由人作，宛自天开。请允许我带你离开王蒙家乡的葱茏青山，去彩云之南走访两座古老的小城吧。

巍山和丽江是云南境内茶马古道上的两颗明珠。这两座小城有相似处：都因马帮贸易而兴盛一时，都偏处边疆一隅，都各族杂居，都古风犹存。但如果只从视觉效果讨论，巍山比丽江少了诗意。这诗意少在哪里？我给出的答案可能会出乎你的意料：诗意少就少在我们脚下的街道路面。

行走于丽江老城，街巷铺砌的是五彩花斑石。在地质学里，这些石块的学名是角砾岩。它们大小不一，形状各异，铺就的路面微微起伏，高低不平。经过数百年无数人足车轮、牲蹄禽爪的踩踏，辅以日复一日高山雪水的清洗冲刷，隐隐蕴蓄出一层岁月凝聚的包浆，泛着圆润内敛的光华。至于巍山的街道，这里我姑且抄录人类学家邓启耀写于二十世纪九十年代末的一段话：

　　　　店外的主街，已经用外省运回来的长方形青砂石条，

---
[1] 见唐代李白《赠崔侍郎》。

铺得平平展展。仿水泥板的平整青砂石路使三轮"摩的"有了用武之地，创造了古城并且和古城很协调的马儿们，反而不能进城了，因为马走的麻石路已被"现代化"。县上发过禁止大牲畜和机动车进城的公告，说是为了开发旅游资源，保护古城街道与卫生。但禁令似乎对马帮有效，而三轮"摩的"依然满大街开着跑。[1]

从一座城到城内如蛛网般散布的大小街巷，从一张画到一篇文章，都是人们费力劳心创造的，但最好的创造是像没有创造过一样，如同自然生成，不露一丝针脚。这正是造园大师计成强调的"虽由

[1] 见邓启耀《古道遗城：茶马古道滇藏线巍山古城考察》。

位于云南省丽江市的大研老城街道　乔鲁京/摄

人作，宛自天开"[1]。

"缤密"四言诗里强调"语不欲犯，思不欲痴"。所以一旦你的表达前后重复，构思僵化板滞，就像改造过的巍山街道，胶柱鼓瑟，了无诗意。即使你有再娴熟的技巧、再完整的构思，纵横穿梭也创造不出美妙的意象。反过来说，在技术娴熟、构思完整的前提下，何不尝试着放开自己的手脚？

不黏不滞时，诗意自然会汩汩而出，如水活泼泼流，花自在开。那一瞬间，鲤鱼跃过龙门，"天火自后烧其尾"[2]，化为龙，于是新绿共春日一色，明月与白雪同辉。

寻宝小贴士

《青卞隐居图》：这是一张纸本水墨立轴，纵 141 厘米，横 42.2 厘米。王蒙在画中采用的缤密画法，对于明清乃至现代中国山水画产生了深远的影响。因此这件作品成为上海博物馆的镇馆之宝，平均三年公开展览一次，展期最长不超过三个月。2018 年底至 2019 年初，上海博物馆举办了《丹青宝筏——董其昌书画艺术大展》，其中就展出了这件《青卞隐居图》。

丽江：位于云南省西北部，这座古老的城镇于 1986 年被国务院公布为第二批国家历史文化名城，1997 年又被联合国教科文组织列为世界文化遗产。随着旅游业的快速发展，这座茶马古道上的重镇

---

[1] 见明代计成《园冶》。
[2] 见清代李元《蠕范·物体》。

现在不仅修通了多条高速公路，并且还开通了高铁，建成了国际机场。前往旅行十分方便。

巍山： 全称"巍山彝族回族自治县"，位于云南省西部，坐落在大理白族自治州境内的南部，距著名旅游地大理只有五十多公里。这座古城于 1994 年被国务院公布为第三批国家历史文化名城。

地名也是文化遗产： 1954 年，巍山县城设镇时取名巍城镇，1988 年改叫文华镇，由于唐代云南地方政权南诏的发祥地就在巍山境内，尽管相关古迹远离县城，但在 2003 年县城又更名为南诏镇。

2015 年 1 月 3 日，巍山古城的象征拱辰楼毁于大火，2019 年城楼复建后，又一度抛弃北面城门上"拱辰门"的古老名称，径直改叫"巍山"，一度引发极大争议，好在最终恢复"拱辰门"的原貌设置。

我之所以写这些，是想提示大家：地名也是一种不该被遗忘、不该被忽视的文化遗产，是语言之美的结晶，值得我们悉心呵护。

15

疏野之美

惟性所宅，真取弗羁。

拾物自富，与率为期。

筑屋松下，脱帽看诗。

但知旦暮，不辨何时。

倘然适意，岂必有为。

若其天放，如是得之。

　　随着自己的性情来创作，真实呈现，千万别拘束。可供选取的素材丰富多彩，俯拾即是，率性真诚地去创作吧。

　　在苍松下构筑茅屋，摘掉束缚的帽冠，自在地看书读诗。只知道日夜转换，天亮天黑，管它是哪年哪月具体什么时间呢。

　　但求真诚表达自己的心意，何必非得有什么目的企图呢？如果能做到任其自然，顺势而为，那么就能达到疏野的境界了。

怎样来认识疏野之美呢？我想从以俗为雅、重厚少文、任其自然这三个方面入手。

率性无拘，以俗为雅

"疏野"四言诗开篇说"惟性所宅，真取弗羁"，意思是要随着自己的性情来创作，真实呈现，无拘无束。这让我想到自己曾在盛夏时去广东梅州，参观老城区的人境庐。

人境庐是晚清大诗人黄遵宪于1884年在老家亲自设计建造的住宅，名称来自陶渊明诗句"结庐在人境，而无车马喧"。这宅第占地面积不大，房屋设计得挺精致。当然仅就建筑而言，在客家人大本营的梅州，有不少百多年前的遗存胜过人境庐。

我之所以还会去，是为拜谒"近代中国走向世界第一人"。除去这个头衔外，黄遵宪还是"诗界革命导师"，他写过一首《杂感》，最后三句很有名：

> 我手写我口，古岂能拘牵！
> 即今流俗语，我若登简编，
> 五千年后人，惊为古斓斑。

我手写我口，用流俗之语直抒胸臆，说的正是率性而为不拘束的道理。率性无拘束就是粗俗吗？两千两百多年前的宋玉已经回答了这个问题。他说有人在都城闹市唱歌，唱《下里》《巴人》时，跟着唱的有数千人，唱《阳春》《白雪》时，跟着唱的不过几十人。"阳

位于广东省梅州市的黄遵宪雕像与人境庐
乔鲁京/摄

春白雪""下里巴人"这对指代雅俗的成语由此而来。其实宋玉接下来还说了一句话：

> 引商刻羽，杂以流徵，国中属而和者，不过数人而已。是其曲弥高，其和弥寡。[1]

比之《阳春》《白雪》，"引商刻羽，杂以流徵"在音律上要求更高、约束更严，偌大都城里，能跟着唱的不过寥寥几人。曲高和寡，反之，要求低、拘束少的率性之歌会唱的人自然多，当然也就俗了。

大文豪苏东坡写过一句名言："元轻白俗，郊寒岛瘦"[2]，八个字评价了四位唐代大诗人。以"慈母手中线"[3]著称的孟郊诗风清奇悲凄；纠结于推敲的贾岛"两句三年得"[4]，枯寂幽峭；写下"曾经沧海难为水，除却巫山不是云"[5]的元稹整体风格轻佻浮夸；至于大家最熟悉的白居易，东坡用的恰恰是一个"俗"字。

我们该怎样理解白居易的"俗"呢？不妨来看他自己的认识。809年，三十八岁的白居易把自己写的五十篇诗歌编为《新乐府》，并撰写了一篇序文，其中说：

> 其辞质而径，欲见之者易谕也。其言直而切，欲闻之

---

[1] 见战国末期宋玉《对楚王问》。
[2] 见北宋苏轼《祭柳子玉文》。
[3] 见唐代孟郊《游子吟》。
[4] 见唐代贾岛《题诗后》。
[5] 见唐代元稹《离思五首·其四》。

者深诚也。其事核而实，使采之者传信也。其体顺而肆，
可以播于乐章歌曲也。总而言之，为君、为臣、为民、为
物、为事而作，不为文而作也。

文辞质朴直截了当，让想看的人容易懂。语言直率切中问题，让
想听的人深刻领会，引以为戒。陈述的事情经过核对确保内容真实，
让采纳的人信服。体例顺畅朗朗上口，能够方便快速传播。总之，创
作是为君臣、百姓、事物而创作，不是为了写而写。这些就是白居易
"俗"的宣言，由此发起的新乐府运动是一场诗歌创作的革新。

江山代有才人出，北宋时梅尧臣、苏轼、黄庭坚相继主张以俗
为雅，晚清时黄遵宪身体力行倡导诗界革命，进而在1887年定稿的
《日本国志·学术志》中率先提出"适用于今，通行于俗"的白话文
学主张，从而掀开了中国现代文学的序幕。

白居易、黄遵宪都深信生活本身是丰富多彩的，从中选取一点
就足以写出生动的作品，这是"疏野"四言诗所说"拾物自富，与
率为期"的体现，追求的正是流俗而斑斓的疏野之美。不过我手写
我口，做起来也许容易，做好却很难。

或许有人会说《新乐府》五十首中，广为周知的恐怕只有"伐
薪烧炭南山中"的《卖炭翁》吧，大众似乎更欣赏《长恨歌》《琵琶
行》。我也承认这一点。固然受众的审美心理值得揣摩，但需要强调
的是，率性而为不拘束的疏野意识，其实贯穿于白居易各种类型的
创作之中。

以《长恨歌》为例，最脍炙人口的恰恰是那些用"即今流俗语"

写成的千古名句:"养在深闺人未识""天生丽质难自弃""回眸一笑百媚生""三千宠爱在一身"……明白如话、晓畅通达外,我们又在诗人随性而来、无拘无束的想象力驱动下,跟着主人公"上穷碧落下黄泉,两处茫茫皆不见",最终临别时的誓词读来更让人掩泣湿衫:

> 七月七日长生殿,夜半无人私语时。
>
> 在天愿作比翼鸟,在地愿为连理枝。
>
> 天长地久有时尽,此恨绵绵无绝期。

由大俗而成大雅,从用语到想象力尽皆率性而为无拘无束,虽然不能仅用"疏野"一词来概括《长恨歌》的总体审美特征,但无可否认诗中流淌着放任不羁的疏野品性。

不讲技巧,重厚少文

疏野之美的第二个特点从四言诗中间两句可以体会到:不讲技巧,重厚少文。这两句诗里的关键词是"看诗"——不作诗,不吟诗,独独用一个"看"字,从中可知这位筑屋松下的主人翁虽然是一位诗歌爱好者,但谈不上是诗人。他只晓得昼夜变换,分不清哪年哪月具体什么时间。所以这两句是在暗示我们,具备疏野之美的艺术品或风景,很重要的一个特点是不以专业技巧见长。

我想和你分享的第一个例子是一通石碑。

从东汉开始,在汉字文明的核心区出现了形制和功用上称为"碑"的石刻。传世至今的汉碑主要保存于山东省,书法史上鼎鼎大名的乙瑛碑、礼器碑、孔宙碑、史晨碑就都展示在曲阜的汉魏碑刻陈列馆中。这些树立于公元二世纪中叶的丰碑，不仅书写精彩绝伦，而且石材优质，刻工精良，历经近一千九百年风雨，仍然字口光润，可见那时匠人们技艺精湛，精益求精，达到极高的造诣。

时间进入到414年，在如今鸭绿江北岸的吉林省边境小城集安，立起来一通高达六米四的巨型石碑。它的名字叫"好太王碑"，是高句丽的第二十代王长寿王为父亲、第十九代王好太王树立的纪功碑。

边疆的工匠显然没有学会中心地区代相传授的技艺。石材上，他们选择了一块巨大的角砾凝灰岩石柱略加修琢。这种石料的材质很一般，加上一千五百年来的雨雪侵蚀，使得四面环刻的近一千八百个汉字风化剥蚀，漫漶不清。

大约在1875年后，这通巨碑才重新被世人所知。但由于地理位置太过偏僻，学者们大多只见过拓片，没机会前往实地考察。康有为说碑上文字"高美"[1]，叶昌炽评价"方严质厚"[2]。直白说，就是书体介于隶书和楷书之间，挥毫无拘无束显得疏阔，线条朴厚无华透着苍凉。

我曾辗转前往集安，为的就是亲眼看看这通巨碑。傲立于鸭绿江畔、丸都山前平原上的它，给了我很震撼的旅行体验。如今回想，吸引我、打动我的，或许正是它的种种"毛病"：制作不合规矩，选材不甚考究，书丹率意没有羁绊，刻工缺乏专业技巧。也恰恰是这些"毛病"汇聚起来，传递出别样的、重厚少文的疏野之美。

这里还可以对比两座唐代的石灯，以加强我们对疏野之美不讲

---

[1] 见康有为《广艺舟双楫》。
[2] 见叶昌炽《语石》。

位于河北省廊坊市的隆福寺长明灯楼　现存于廊坊博物馆　乔鲁京/摄

技巧、重厚少文的认识。

第一座石灯保存在河北省廊坊市博物馆内，是688年完工的隆福寺长明灯楼。这座石灯以汉白玉为材质，自下而上由壶门方形座、覆莲圆座、等边八角形石柱、仰莲托盘组成，在石柱上刊刻了颂文、经文，还浮雕有精彩的造像。只可惜托盘上的灯笼已经缺失，现状残高三米四。

与之形成鲜明对照的另一座石灯，矗立于黑龙江省宁安市的兴隆寺内，是唐代渤海国的遗存。这座六米高的石灯以玄武岩为材质，除了顶部有更换，基本保存完好。可惜没有浮雕造像，也未刊刻文字，让我们无从知晓它具体的建造时间和更多的故事。

都是石灯，年纪相仿，但上千年的岁月淘洗，让不同的选材呈现出迥异的观感，汉白玉细腻，玄武岩粗犷。二者结构相似，可工匠处理的手法有别，廊坊的形体修长、容貌高雅，宁安的明明更高大更完整，但看上去显得身材格外敦厚，壮实凝重。

宁安石灯是渤海国都城上京龙泉府如今最重要的地面遗存，见证了当地曾经的繁盛。清代，这里是让无数人不寒而栗的流放之

位于黑龙江省宁安市的渤海国石灯

地——宁古塔。清初遣戍至此的诗人吴兆骞曾说"宁古寒苦天下所
无"[1]。面对日复一日、年复一年的雨与云、冰与雪，这石灯只能建
造得分外健壮，乃至有些粗野吧。

于是宁安石灯，似连鬓络腮关西大汉，引吭高歌"大江东
去"[2]；廊坊石灯，则如十七八岁江南女孩，浅吟低唱"杨柳岸晓
风残月"[3]。二者恰好是疏野与典雅两种审美风格的鲜明对比。[4]

真诚表达，任其自然

疏野之美的第三个特征通过解读四言诗最后两句可以知晓，那
就是真诚表达，任其自然。现代作家陈翔鹤写过一篇精彩的小说，
叫《陶渊明写〈挽歌〉》，其中说：

> 陶渊明是从三十岁起就开始过独身生活的。他的两个
> 妻室都早已前后亡故，只有那个"夫耕于前，妻锄于后"
> 的继室翟氏，他对她始终保持着一种优美和崇高的柔情。

不过在优美和崇高的柔情外，陶渊明还曾描写过炽烈的爱恋。在
《闲情赋》里，他一口气许下了十个愿望：愿自己成为爱人的衣领、
腰带，成为护发素、眉笔，成为爱人安卧的床席、脚上的丝鞋，愿在

---

[1] 见清代吴兆骞《上父母书》。
[2] 见北宋苏轼《念奴娇·赤壁怀古》。
[3] 见北宋柳永《雨霖铃·寒蝉凄切》。
[4] 此处化用南宋俞文豹《吹剑续录》中对苏轼、柳永词作的评价：柳郎中词，只好合十七
八女孩儿，执红牙板，歌"杨柳岸晓风残月"。学士词，须关西大汉，执铁板，唱"大
江东去"。

昼而为影，愿在夜而为烛，愿是一柄竹扇，愿是爱人膝上的一张琴。

可见这位田园诗鼻祖，不仅有"采菊东篱下"[1]的恬淡自然、"填沧海""舞干戚"[2]的金刚怒目，还有远为丰富的面貌。鲁迅说他的《闲情赋》"爱情自由的大胆"[3]。但对这份适意天放，编纂《陶渊明集》的昭明太子萧统显然接受不了。萧统是文质彬彬的君子，推崇"典而不野"[4]，当然会认定陶渊明"白璧微瑕者，惟在《闲情》一赋"[5]。

如此说《闲情赋》是"野"的，它内在的精神确实符合疏野之美真诚表达、任其自然的特点，但外在的文体仍然拘束了它"爱情自由的大胆"。那么真正做到倘然适意、若其天放的是什么？

我脑海里响起侗族的大歌声。

侗族主要居住在贵州、广西、湖南三省区交界的山区，不到三百万人口，却创造了颇为灿烂的文化。青山绿水间的侗寨，有高耸云天的鼓楼，长虹卧波的风雨桥。他们饭稻羹鱼，千百年来演化形成水稻、鱼、鸭共生的有机农业生态系统。侗族大歌更是天籁之音，在2009年入选联合国教科文组织非物质文化遗产名录。不懂侗语的我，只能照搬联合国教科文组织的介绍：

> 侗族大歌是无伴奏、无指挥的侗族民间多声部民歌的
> 总称。包括声音歌、叙事歌、童声歌、踩堂歌、拦路歌。

---

[1] 见东晋陶渊明《饮酒·其五》。
[2] 见东晋陶渊明《读山海经·其十》："精卫衔微木，将以填沧海。刑天舞干戚，猛志固常在。"
[3] 见鲁迅《且介亭杂文二集》中的《"题未定"草》。
[4] 见南北朝萧统《答湘东王求文集及〈诗苑英华〉书》。
[5] 见南北朝萧统《陶渊明集序》。

"众低独高"是其传统的声部组合原则，优美和谐是其鲜明的艺术品格，歌师教歌、歌班唱歌是其全民性的传承方式。它所承载和传递的是一个民族的生活方式、社会结构、人伦礼俗、智慧精髓等至关重要的文化信息。

我不懂侗语，可听过很多首侗歌。记得灯火夜微明，坐在鼓楼下的广场，看寨里百姓聚集过来，天上星河一道，耳畔歌声一呼百应，宛若"大珠小珠落玉盘"[1]般圆润，如闻天籁之嘈嘈。

其中有一首侗歌叫《隔山隔水难见面》，音译过来是：呵嗬顶嘿嗬顶，久腊宁赖琼苓隔咧，呵嗬顶嘿嗬顶，琼苓隔关王隔贝咧。翻译成汉文，大体的意思是：

> 美丽姑娘住在山那边，
> 隔山隔水难见面。
> 隔山隔水我难靠近你，
> 重重大山隔断我俩的情恋。

读来无拘无束，听着"别有幽愁暗恨生"[2]。英语诗人罗伯特·弗洛斯特常说："诗意就是在翻译过程中失去的东西。"如果因缘际会，我会去学习侗语，因为我想听懂适意、天放的疏野歌声。

---

[1] 见唐代白居易《琵琶行》。
[2] 同上。

寻宝小贴士

人境庐：位于广东省梅州市梅江区。1884 年春，由黄遵宪亲自设计建造。2013 年，人境庐和毗邻的荣禄第被国务院公布为第七批全国重点文物保护单位。作为黄遵宪纪念馆，这里免费对公众开放。

好太王碑：位于吉林省边境城市集安。1961 年作为"洞沟古墓群"的组成部分，被国务院公布为第一批全国重点文物保护单位。2004 年作为"高句丽王城、王陵及贵族墓葬"的组成部分，列入《世界遗产名录》。好太王碑所在的集安隶属通化市，2019 年已开通两地间的高速公路。外地游客可乘飞机至通化机场，再驱车前往集安，用时约四十分钟。

宁安石灯：1961 年，作为"渤海国上京龙泉府遗址"的组成部分，被国务院公布为第一批全国重点文物保护单位。这座古城仿照唐长安城兴建，是东北地区目前保存最壮观的古城遗址。国家重点风景名胜区镜泊湖也在宁安境内。宁安隶属牡丹江市，外地游客可乘飞机前往。

侗族文化遗产概述：除侗族大歌被列为联合国教科文组织非物质文化遗产，贵州省的"从江侗乡稻鱼鸭系统"在 2011 年成为联合国粮农组织评选的"全球重要农业文化遗产"。此外，分布于贵州（黎平、榕江、从江）、湖南（通道、绥宁）、广西（三江）三省区的"侗族村寨"也正在申报世界文化遗产。

16

旷达之美

生者百岁，相去几何。

欢乐苦短，忧愁实多。

何如尊酒，日往烟萝。

花覆茅檐，疏雨相过。

倒酒既尽，杖藜行歌。

孰不有古，南山峨峨。

就算活了一百岁，又能如何呢？欢乐的日子总是短暂，忧愁实在是多啊。

不如带上一瓶酒，白天去烟雾苍茫、藤萝遍野的地方走一走。那里的茅屋上鲜花覆盖着房檐，这一路与微微细雨相伴。

把酒喝光吧，拄着拐杖边走边歌唱。人总会有死去的一天，而南山依旧巍峨。

初读"旷达"四言诗，似乎感觉挺颓废。那么又该如何理解旷达之美呢？

把有限的生命投往何方?

在"旷达"四言诗里，前两句和后四句之间构成微妙的转折。而旷达之美的前提、基础，理解旷达之美的关键，正是头两句："生者百岁，相去几何。欢乐苦短，忧愁实多。"

不同的人对这两句诗解说各异，不外隐含着两种人生态度。

第一种人生态度，《古诗十九首·生年不满百》表达得很充分：

> 生年不满百，常怀千岁忧。
> 昼短苦夜长，何不秉烛游!
> 为乐当及时，何能待来兹?
> 愚者爱惜费，但为后世嗤。
> 仙人王子乔，难可与等期。

草草读后的印象，大致是既然生命有限，那么及时行乐就好。嫌白天短黑夜长，那就点着蜡烛继续玩。为乐当及时，这是第一种人生态度。

第二种人生态度，我们也来看一首诗，曹操的《步出夏门行·龟虽寿》：

> 神龟虽寿，犹有竟时。

腾蛇乘雾，终为土灰。

老骥伏枥，志在千里；

烈士暮年，壮心不已。

盈缩之期，不但在天；

养怡之福，可得永年。

幸甚至哉！歌以咏志。

《庄子·秋水》里提到的楚国神龟，活了足足三千岁。但在曹操看来，寿命再长也终究有尽头，关键要在"犹有竟时"的生命中发奋图强。伏卧马厩仍欲四蹄跃起啸西风的老马、心存高远的老人，都体现着这种积极进取的人生态度。

我所理解的旷达之美的前提和基础，正是这种人生态度。

了解了这两种人生态度后，你，愿意做怎样一个少年？

梁启超在《少年中国说》里有一连串的判断与期许："少年智则国智，少年富则国富；少年强则国强，少年独立则国独立；少年自由则国自由；少年进步则国进步；少年胜于欧洲，则国胜于欧洲；少年雄于地球，则国雄于地球。"

你愿意把自己有限的生命投往何方？方向南辕北辙，人生态度迥异，理解的旷达之美自然不同。

在风景中感受生命之光

面对一件艺术品或一处风景，我们很难说它自身具有旷达之美。

因为这种美深深扎根于创作者积极进取的人生态度中。这种态度像一束生命之光，投射到艺术品或风景上，相互激荡，方才交融生成为旷达之美。

我要和你分享的能够体现这种美的第一处风景，在如今辽宁省绥中县的渤海岸边。公元前215年，秦始皇东巡来到这里，留下了一座行宫。这座行宫极其壮阔，甚至在近海沿岸的水下，铺砌了近四千平方米的花岗岩平台。行宫的中轴线正对傲立海中的柱状岩石。这组天然的海蚀柱，就是作为秦帝国国门象征的碣石[1]。

碣石旁的秦行宫何时荒废？何时颓败为烟萝之地？何时湮没不闻？史书上都没有记载。我们只知道在秦始皇东巡四百年后的207年，曹操远征乌桓（如今的辽宁西部朝阳一带），大获全胜后路经此地，登上碣石，创作了那首著名的《观沧海》。曹操借碣石所在的这片海域的灿烂景象，表达了自己渴望建功立业、统一天下的雄心壮志和宽广的胸襟。

历史上而非戏曲演义里的曹操也用实际行动，践行着自己的理想。当时的北中国，"白骨露于野，千里无鸡鸣"[2]。他忧思难忘，励精图治，终于"钱镈停置，农收积场。逆旅整设，以通贾商"[3]——农具已经闲置起来，丰收的庄稼堆满谷场，重整一新的旅馆开门迎接往来的客商，人民过上了安居乐业的生活。

我和好友曾在碣石前的海岸久久驻足，一起眺望吞吐流云与霞

---

[1] 后世民间附会孟姜女哭长城的传说，称之为姜女石。
[2] 见东汉末年曹操《蒿里行》。
[3] 见东汉末年曹操《冬十月》。

位于湖南省岳阳市的岳阳楼　耿朔/摄

光的大海，倾听千百年来不变的涛声，那是高冈上猛兽深沉的吼叫，那是乱世里枭雄曹操长长的喟叹。曹操积极进取的人生态度，犹如一束灿烂的光芒，持续地投射到碣石上，投射到渤海湾中，使得这里拥有了难以磨灭的旷达之美。

在风景中体会不喜不悲

关于旷达之美的第二个例子，是坐落于洞庭湖畔的岳阳楼。据说它始建于曹操去世的220年前后，历史上屡毁屡建，现存建筑是1880年（清德宗光绪六年）重建的。

说到古代楼阁建筑，就不能不提号称"中国古建筑宝库"的山西省。万荣东岳庙直插青天的飞云楼、解州关帝庙雄伟壮丽的春秋楼、平遥古城繁华中心的市楼、介休城内传闻和拜火教有关的祆神楼、榆次城隍庙规模宏大的玄鉴楼……单论建筑成就,这些楼阁应该更富有文物价值。但何以湖南的岳阳楼知名度更高?

个中缘由我想和一个从来没有到过岳阳的人有关。他就是北宋名臣范仲淹。1046年(北宋仁宗庆历六年),五十八岁的范仲淹应约为修葺一新的岳阳楼撰文,写就千古名篇《岳阳楼记》。

那时的北宋虽然经济不断发展,但官僚队伍日益庞大,行政效率愈发低下,普通百姓生活渐趋困苦。宋仁宗打算"更天下弊事"[1],从庆历三年开始陆续采纳范仲淹等人提出的改革主张,推行新政。庆历新政触犯了既得利益集团,他们纷纷指责范仲淹等人是危害皇权的朋党。最终在1045年,宋仁宗把范仲淹外放到邓州为官。

外放,标志着范仲淹主持的庆历新政以失败告终。但他并没有因此消沉,要知道范仲淹性格坚强,他曾以乌鸦自况,"宁鸣而死,不默而生"[2]。他清楚"人世都无百岁"[3],对有限生命里"欢乐苦短,忧愁实多"的命题,有着自己明确的答案。范仲淹清晰决绝地向世人宣告:"先天下之忧而忧,后天下之乐而乐。"[4]这个人生态度仿佛拨云见日,光芒挥洒到他终其一生从未履及的岳阳楼上。

尽管范仲淹赞美的楼阁在三十多年后就付之一炬,尽管其后千年岳阳楼屡建屡毁,但我们今天面对一座区区一百多年历史的木头

[1] 见清代毕沅《续资治通鉴·宋纪四十五》。
[2] 见北宋范仲淹《灵乌赋》。
[3] 见北宋范仲淹《剔银灯·与欧阳公席上分题》。
[4] 见北宋范仲淹《岳阳楼记》。

房子时，仍能感受到"不以物喜，不以己悲"[1]的旷达之美。

云烟，遮蔽不住周行的日月星辰；藤萝，覆盖不了碣石名楼守护的沧海桑田。

秋风萧瑟，站在秦行宫遗址前，观洪波中伫立百万年的碣石。

秋水深深，岳阳楼上，眺望一碧万顷的洞庭湖，乾坤日夜浮。

在我的心底，这一切都闪耀着更加积极进取的旷达之美。

旷达的底色是经风历雨

对于"旷达"四言诗里讲到的"疏雨相过"，我理解应该是狂风暴雨摧折后，与彩虹为伴的微微细雨。

四川人杨慎，被尊为明代才子之首。这不仅因为他二十四岁中状元，三十四岁当了嘉靖皇帝的老师，更和他之后的人生遭际有关。

嘉靖皇帝本是藩王，成为皇帝之后，围绕如何追封自己的生父，与大臣们产生了激烈冲突，这就是明史上著名的大礼议之争。1524年，嘉靖皇帝决心突破传统的礼法伦理，更加尊崇自己的亲生父母，这让恪守纲常秩序的群臣十分不满。

于是在盛夏酷暑，以杨慎为首的二百多名大臣跪在皇宫的左顺门外，恳请皇帝回心转意。被激怒的嘉靖，下令廷杖包括杨慎在内的一百三十四名大臣，十六人被打死。十天后杨慎再遭廷杖。虽然最终他侥幸不死，但被发配云南永昌卫，也就是今天毗邻缅甸的云南省保山市。

[1] 见北宋范仲淹《岳阳楼记》。

三十七岁流放万里到边疆，七十二岁逝世戍所，其间杨慎始终是戴罪之身。据说嘉靖皇帝在位时六次大赦天下，但他从未饶恕杨慎。按照当时的法律，年满六十岁可以赎身返回家乡，可没有官员敢受理杨慎落叶归根的请求。

流离烟萝三十五年，杨慎仍胸怀天下千岁忧。虽不能治理地方，但留下《海口行》《后海口行》《观刈稻纪谚》等关注民生疾苦的诗篇。他发奋写作，著述遍及经史子集，用《明史》里的话说，明朝近三百年里"记诵之博，著作之富，推慎第一"。

相传因为大礼议之争，嘉靖皇帝对自己这位老师极为愤恨，几十年间会时不时询问远在云南的杨慎近况。按《乐府纪闻》的说法，杨慎听闻后，只能"暇时红粉傅面，作双丫髻插花，令诸妓扶觞游行，了不为愧"。

这放浪形骸、纵酒自娱的旷达形象，见晚明大画家陈洪绶绘制的《升庵簪花图》。在北京故宫收藏的这张立轴右上方，陈洪绶题款记述杨慎流放滇南时："双结簪花，数女子持尊踏歌行道中"。

请再观赏这轴画：在那棵枝杈断残、红叶稀疏的古树前，头戴鲜花的杨慎，正如醉如痴缓步前行。我想，这或许是对"倒酒既尽，杖藜行歌"的旷达之美最形象的描绘吧？

从旷达中汲取奋起前行的力量

"旷达"四言诗最后说："孰不有古，南山峨峨。"人总会有死去的一天，而南山依旧巍峨。

视为庵先生取滇南时装变相簪花散步于村
署治欲日遣中杨升庵净之陈洪绶

《升庵簪花图》　明　陈洪绶
北京故宫博物院藏

　　杨慎去世不到百年，1644年春暖花开之际，李自成的农民军围攻北京城。三月十九日破晓时，嘉靖皇帝的玄孙崇祯在朝堂鸣钟召集文武百官，却无一人闻钟前来……

　　在景山一棵枝干歪斜、尚无新叶的槐树前，崇祯上吊自杀，临死时他认定是大臣们辜负了他。[1] 不知他是否知道一百二十年前的那个夏日，朝堂前有一个和他年纪相当的青年杨慎慷慨陈词："国家养士一百五十年，仗节死义，正在今日。"[2]

---

[1] 见《明史·本纪第二十四·庄烈帝二》。

[2] 见《明史·列传第七十九·何孟春传》。

簪花行歌的杨慎，心忧天下的范仲淹，志在千里的曹操，虽然都已作古，但他们用各异的人生路径，相同的人生态度，汇聚成缤纷灿烂的生命之光。这光芒投射到艺术品或风景名胜上，相互激荡，交融吞吐出生生不尽的旷达之美。

诚然，雄主如曹操，能臣若范仲淹，才子似杨慎，都是人中龙凤，绝大多数人都无法望其项背。但从他们各自锻造旷达之美的故事中，我们寻常人多少能汲取一些奋起前行的力量吧。

南山峨峨，景山青青。日月周行，秋月春风。古今多少事，都付笑谈中。

○ 寻宝小贴士

姜女石遗址及相关遗址： 这处遗址虽然位于辽宁省绥中县，但毗邻河北省秦皇岛市，与山海关的距离不过十几千米。1988 年姜女石遗址被国务院公布为第三批全国重点文物保护单位。

秦始皇东巡时，曾在渤海沿岸建设过大规模的行宫设施。除姜女石遗址外，在秦皇岛市北戴河区也保存有一片规模宏大的秦行宫遗址，1996 年北戴河秦行宫遗址被国务院公布为第四批全国重点文物保护单位，2019 年北戴河秦行宫遗址博物馆正式对外开放。

至于曹操观沧海的碣石，也有观点认为是在秦皇岛市昌黎县境内的碣石山。孰是孰非，历来争论不休。我写在这里，供有兴趣的朋友参考。

岳阳楼： 位于湖南省岳阳市，与江西南昌滕王阁、湖北武汉黄鹤楼并称江南三大名楼。不过后二者都是二十世纪八十年代兴建的仿古建筑。现存岳阳楼仍是晚清建筑，所以在 1988 年被国务院公布为第三批全国重点文物保护单位。目前岳阳已开通高铁，外地游客前往比较方便。

杨慎相关遗迹： 杨慎号升庵，因此后世也尊称他杨升庵。1559 年 8 月 8 日（明世宗嘉靖三十八年七月六日），杨慎在云南戍所逝世，享年七十二岁。临终时，他仍以"临利不敢先人，见义不敢后身"[1] 勉励后人。杨慎去世后，终于还葬故乡新都。

新都就是如今的四川省成都市新都区，当地最著名的风景名胜桂湖与杨慎有关。桂湖始建于唐朝初年，本为隶属于县署的驿馆式官署园林。相传杨慎曾在驿馆内沿湖岸栽植桂树，并改名"桂湖"。后人在湖畔兴建了杨升庵祠。1996 年，"杨升庵祠及桂湖"被国务院公布为第四批全国重点文物保护单位。

---

[1] 杨慎临终遗训，见清代周参元《升庵先生年谱》。

17

清奇之美

娟娟群松，下有漪流。

晴雪满汀，隔溪渔舟。

可人如玉，步屟寻幽。

载行载止，空碧悠悠。

神出古异，淡不可收。

如月之曙，如气之秋。

"清奇"这首四言诗描绘的是冬日雪后的风景。

一场大雪后，晴空万里，湛蓝无云，溪水流淌，两岸松林秀丽，对岸停泊着一艘渔船。在这样一个清凉静谧的环境里，我们看到有一位穿着木板拖鞋的高洁之士正在踏雪漫步，步履翩翩，寻访幽境，走走停停。他器宇不凡，神情恬淡，有别常人，气质风度好比拂晓的月色、秋天的气息。

可能我们马上联想到的，是柳宗元笔下"独钓寒江雪"的"孤舟蓑笠翁"。但再琢磨体会，不难发现《江雪》体现的美感，和这清奇之美有着细微但本质的差别。

在《江雪》里，"千山鸟飞绝，万径人踪灭"，只在江上有一艘孤舟，船上老翁还是静坐不动的，柳宗元描绘的是一个荒寒、静态、生命力微弱趋近于无的清寂世界。反观"清奇"四言诗，虽然俗话说霜前寒、雪后冷，但其中溪水流动，有载行载止、走走停停、温润如玉的"可人"，因此这是一个有温度、动态、富有生命力的清奇世界。

围绕清奇之美，我们还可以怎样理解呢？

清是奇的底色

关于清奇之美，我想说的第一句话是：清是奇的底色，奇是清的升华。

清和浊是相对的。虽然比起柳宗元《江雪》的清寂，清奇之清更有温度、动态、富有生命力，但它不是滚滚红尘。奇之于清的关系，不是鹤立鸡群，而是诸鹤低头寻食，唯有一鹤引颈长鸣的刹那。相对于清的底色，奇是画龙点睛的那一笔。

另外，如果把清奇仅仅理解为冬季大雪后的风景，那就狭隘了。其实清奇之美在四季都可以找寻得到。"浓绿万枝红一点"[1]便有这种美感，动人春色中也有清奇。同理，夏季也有清奇之美。

我建议你夏季去湖北武当山。六百多年前，明成祖朱棣几乎同时兴建了两个大工程，一个是大家再熟悉不过的北京城，另一个就是武当山的宫观建筑群。和方正宏阔的北京城不同，在鄂西北的崇山峻岭中，三十万工匠以天然地貌为背景，历时十二年，兴建了九宫、八观、三十六庵堂、七十二岩庙。

同为夏天，在北京故宫难见绿树，恢宏的古建筑一目了然，而行走武当山中，却是另一番"步屧寻幽"景象。五百多处、两万余间建筑，星罗棋布，与高峰幽谷融为一体。据说当年明成祖朱棣要

---

[1] 见南宋释如净《偈颂十八首·其一》。

位于湖北省丹江口市的武当山南岩宫　张剑葳/摄

求武当山"本身分毫不要修动"[1]，营建宫观的木料都是从外地采买的，因此武当山的植被得以完整保存至今。放眼望去，林岫回环犹如画境。缓步其间，仿佛置身仙山琼阁。

武当山最"清"在盛夏，"奇"则在主峰天柱峰。顾名思义，这山峰好似一柱擎天。依托它兴建的太和宫建筑群红墙碧瓦，唯独在峰顶，无名的建筑大师们变换了设计手法：1416年，在海拔1612米的制高点，一座为真武大帝建造的圣殿完工。日光辉映中，它熠熠

---

[1] 明成祖朱棣曾专门下有圣旨："敕隆平侯张信、驸马都尉沐昕：今大岳太和山顶，砌造四周墙垣，其山本身分毫不要修动。其墙务在随山势，高则不论丈尺，但人过不去为止。务要坚固壮实，万万年与天地同其久远。故敕。"

生辉，灿烂夺目，因为这座圣殿全部使用铜铸鎏金构件，堪称中国建筑艺术史上空前绝后的奇观。

以盛夏之清的底色为衬托，天柱峰巅的金顶正是画龙点睛的那一笔。因其存在，武当山拥有了和"浓绿万枝红一点"一样的清奇之美。

特立独行不偏执

关于清奇之美，我想说的第二句话是：奇的确立，有赖于特立独行，但不能一味剑走偏锋。靠固执偏激、极端对立刻意制造出的奇，不是清奇之奇。

在"清奇"四言诗营造的意境里，奇表现为雪中步屣。屣是木板拖鞋，雪后着屣，而不穿皮靴棉鞋，这确实是特立独行。但需要格外注意的是，诗中如玉可人并没有赤足寻幽，足见其中尺寸拿捏得十分微妙。

说到剑走偏锋，不免想到日本茶道集大成者千利休的一则故事。相传千利休的庭院中开满了洁白的牵牛花，当时日本实际最高统治者丰臣秀吉听说后，要择日前往观赏。到了约定的日子，他驾临千利休的庭院，看到满院牵牛花全被剪掉，一朵不剩。盛怒之下的丰臣秀吉要问罪千利休，但走进茶室时却发现在这个幽暗的小屋中，供奉着一朵洁白的牵牛花。

千利休的这番创造固然美，但不是清奇之美，其所体现的物哀、幽玄、侘寂，都是日式美学精神，太过偏执、人工了。其实清奇之美不需要这样大费周章制造极端对立，顺势而为最好不过。比如明末清初文人李渔，在《闲情偶寄》的"种植部·木本第一"里，讲到怎样观赏桃花：

> 此种不得于名园，不得于胜地，惟乡村篱落之间，牧童樵叟所居之地，能富有之。欲看桃花者，必策蹇郊行，听其所至，如武陵人之偶入桃源，始能复有其乐。

盛开在乡村篱落之间、牧童樵叟所居之地的桃花，借李渔之笔，让读者能充分感受到它们充满了清的底色。至于奇，则体现为"欲看桃花者，必策蹇郊行，听其所至"——骑一匹走不快的马或毛驴去郊外，漫无目的，任其游走。下一句"如武陵人之偶入桃源"，更说明清奇之奇虽然贵在特立独行，但和千利休那种决绝极致的日式美学，有着本质上的不同。

无意而为不造作

承接"特立独行不偏执"，关于清奇之美，我想说的第三句话是：奇是"无意而为不造作"。如《红楼梦》第五十回，写贾母带着众人赏雪：

> 一看四面粉妆银砌，忽见宝琴披着凫靥裘站在山坡上遥等，身后一个丫鬟抱着一瓶红梅。众人都笑道："少了两个人，他却在这里等着，也弄梅花去了。"贾母喜的忙笑

道："你们瞧，这山坡上配上他的这个人品，又是这件衣裳，后头又是这梅花，象个什么？"众人都笑道："就象老太太屋里挂的仇十洲画的《双艳图》。"贾母摇头笑道："那画的那里有这件衣裳？人也不能这样好！"

曹雪芹胜过其他小说家的高明处，是点出薛宝琴披的是"凫靥裘"。据说这是用绿头鸭面部两颊附近的毛皮制作的衣服，会随着光线变化而闪现蓝、绿、紫等多种颜色。因其罕有，贾母"这样疼宝玉，也没给他穿"。文中披着这样奇珍异宝的宝琴就像四言诗中的"可人"一样，站在粉妆银砌中，一瓶红梅旁，达到了清奇之美的极致。

而这番清奇之美的关键在于无意而为，因为宝琴是在等宝玉，贾母等人是在说笑间"忽见"这一幕的。

在我寻访过的地方，也有无意而见的清奇美景。

许多年前，我曾在皖南黟县的宏村守岁。早起出门，有细雪微降，在黑瓦上形成薄薄一层半透的青灰色。晚冬初升的晨阳，徐徐把金色的暖光散布于素颜的世界。少顷，在村中心无人的月沼畔，有滴答、滴答的水声从檐口坠下。我至今记得抬头的一幕：眼看着一垄垄鳞次叠压的瓦上，一片片青灰色渐趋于无，缓缓显出墨样的真容。

那时的宏村，即便过春节也没有处处悬挂大红灯笼。但不知从何时起，全国各地许多古老村镇都不分时节永远张灯结彩。于是在密密麻麻的大红灯笼里，很难再寻觅到清奇之美了。

位于安徽省黟县的宏村　乔鲁京/摄

　　我在本文开篇就讲清和浊是相对的，清是奇的底色。如果说千利休的偏执极端，仍然构成相对清奇独立存在的美感——物哀、幽玄、侘寂，那么"浊奇"实在与美无关。但清与浊的转换往往是一念之间。现实里，这种变清奇为浊奇的例子并不少。大红灯笼时时处处高挂，就是一例。

　　说到底，清奇之美不是通俗的、流行的美。因此不附庸风雅，有主见地做好自己，你就有可能在无意间发现甚至创造了清奇之美——那个刹那的你，就是那美的主人。

寻宝小贴士

武当山： 位于湖北省丹江口市境内。这里的古建筑群体现了道教"天人合一"的思想，被誉为"挂在悬崖峭壁上的故宫"。1994年"武当山古建筑群"被列为世界遗产。代表性的古建筑有：武当山金殿（第一批国保[1]）、紫霄宫（第二批国保）、"治世玄岳"牌坊（第三批国保）、南岩宫（第四批国保）、玉虚宫遗址（第五批国保）、武当山建筑群（第六批国保，具体包括复真观、遇真宫、净乐宫的棂星门和御碑等）。武当山介于十堰和襄阳之间，山下有铁路，游客可先到十堰或襄阳，再中转上山。

宏村： 位于安徽省黄山市黟县，2000年这里和附近的西递村一起以"皖南古村落"的名义列入《世界遗产名录》。2001年，宏村古建筑群被国务院公布为第五批全国重点文物保护单位。2003年被公布为第一批中国历史文化名村。黄山市有机场、高铁，游客前往，可将宏村及西递村与黄山风景名胜区一起游览。

---

[1] 此处"国保"为全国重点文物保护单位的简称。

18

委曲之美

登彼太行，翠绕羊肠。

杳霭流玉，悠悠花香。

力之于时，声之于羌。

似往已回，如幽匪藏。

水理漩洑，鹏风翱翔。

道不自器，与之圆方。

　　登上太行山，满山翠绿环绕着羊肠小道。云雾缭绕其间，看上去缥缈迷离，有着羊脂玉般的色泽，隐隐能够嗅到悠悠的花香。

　　委曲是什么？它好像强弓劲弩击发的瞬间，利箭射出，弓弦收回，看似瞄准的是远处的靶心，实则射手校正的是自己的内心。

　　委曲是什么？它好像吹羌笛时发出的声音，演奏者气息不断，能够自由调控笛声，或停顿，或绵延。

　　委曲是什么？它仿佛水面的波纹，回旋起伏，又宛若大鹏展翅，乘风盘旋。委曲是不拘于或方或圆的某一种人工固定器型，它顺随自然，适宜而变。

委曲，不是委屈。这是一种什么样的美？在四言诗里描绘了它三种不同的面貌。

太行山山重水复，圆明园柳暗花明

骆驼牛羊都食草，植物纤维难于消化，所以会反刍，这些动物除了有四个胃，肠道也格外发达。这其中以羊的体形最小，用羊肠来比喻曲折狭窄的山间小路，再合适不过。四言诗以羊肠形容委曲，很形象，但问题是山山都有羊肠路，为何独独太行山会入诗人法眼？

太行山脉，北起北京西山，南至晋豫两省交界的王屋山，绵延四百多公里，纵跨北京、河北、山西、河南四省市。它是中国地形第二阶梯的东缘，也是山西高原和华北平原的分界线。

千峰耸立、万壑沟深的太行山大体为南北走向，从山西高原发源的许多河流横切山体，塑造出斩断山脉、贯通东西的峡谷。这种地貌称为"陉"，也是古代人群交往的天然通道。太行山脉从北向南，共有八条咽喉要道：军都陉、蒲阴陉、飞狐陉、井陉、滏口陉、白陉、太行陉、轵关陉，统称"太行八陉"。其中的太行陉直抵三英战吕布的虎牢关，是逐鹿中原的关键。太行陉里最险要的一段，甚至直接就取名为羊肠坂。206年曹操北征，在此写下了有名的《苦寒行》：

北上太行山，艰哉何巍巍！

羊肠坂诘屈，车轮为之摧。

树木何萧瑟，北风声正悲。

> 熊罴对我蹲，虎豹夹路啼。
>
> 溪谷少人民，雪落何霏霏！

八陉好比主动脉，周遭山间小道便是毛细血管。有多委曲？全面抗战初期，八路军第一一五师副师长聂荣臻深入太行山，创建晋察冀根据地。他在回忆录中说：

> 有些很偏僻的深山地区，山沟里只有几户人家，那里的群众同外界接触很少，高达千仞的山峦，使我们和外界隔绝起来，形成了一个独立的世界。像房山和涞水、涿鹿交界地区的"野三坡"，那一溜几十个村子，一直过着与世隔绝、自给自足的生活。他们长时间打着"反清复明"的旗号，到民国十八年（一九二九年）才知道清朝已经灭亡了。"野三坡"的群众说："就是燕王扫北的时候，也没有到过我们这儿。"他们推举三位老人管理这一地区的事情，老人去世一位再替补一位。这里的男人不剃头，女人不裹脚，清朝的统治始终没有能进入这一地区。像这种什么外人也没有进去过的地方，我们都深入进去了。[1]

飞狐陉附近的野三坡，和最近七百年来的首都之间直线距离不过八十多公里，现如今已是风景名胜区。但你很难想象吧，回溯百年，1911年清朝覆灭的消息到了1929年才传入当地，可见其委曲乃至闭塞的程度之深。

---

[1] 见聂荣臻《聂荣臻回忆录》第十二章《晋察冀抗日根据地的巩固》。

将这闭塞施以美好的颜色涂抹，就是"不知有汉，无论魏晋"的桃花源。据统计，目前全国范围内遗存的元代及元以前的木结构建筑共计580座，其中山西境内保存496座，占比高达85.5%，其中多数又都保存在太行八陉及其周遭羊肠小道的委曲之中，故而成就了山西"中国古建筑宝库""地下文物看陕西，地上文物看山西"等诸多响当当的名号。

这就是委曲之美的第一种面貌："山重水复疑无路，柳暗花明又一村。"[1]宏观概括后，还可用一个具体而微的例子加以补充。

从今天圆明园遗址公园的南门一路北上，穿过绮春园景区，到达圆明园景区的东南角，步入一处苑墙豁口，便是乾隆御题圆明园四十景中的"别有洞天"。

最妙的是沿着莲池畔的羊肠小径行进，左有秀崖翠竹，右有清溪红荷，正微闭双目，感受暗香浮动时，忽觉面前一亮，抬望眼，竟是一派烟波浩渺，更远处，太行余脉的西山历历在望。原来不知不觉间，竟已置身圆明三园里规模最大的福海岸边了。

在我心中，这段翠绕羊肠路，远绝尘嚣，草木清淑，又有柳暗花明的大惊喜，与四言诗描绘的"杳霭流玉，悠悠花香"最是符合。

百步穿杨反求诸己，羌笛三调自主选择

四言诗头两句展示了外在形式的委曲之美，中间两句侧重呈现

---

[1] 见南宋陆游《游山西村》。

由外在转向内在的委曲之美。这句话该如何理解？我们从"声之于羌"的解释讲起。和羌族先民有关的声音是什么？大家很自然会想到何须怨杨柳的羌笛[1]——"羌声"即羌笛之声。

再看有些让人感觉费解的"力之于时"，这"时力"又是什么？《战国策》里记载苏秦合纵连横，曾游说韩王："天下之强弓劲弩，皆自韩出。溪子、少府、时力、距来，皆射六百步之外。"这其中的"时力"，指的是强弓劲弩。

那么弓弩和羌笛与"似往已回，如幽匪藏"又有什么关系呢？

先说弓弩。从三千年前的西周开始，贵族子弟必须学习六种技能：礼、乐、射、御、书、数，合称六艺。射艺也就是射箭的技艺，相关的规范形成了中国传统礼仪文化中的射礼。《孟子》里说过一句话，很有名：

> 仁者如射，射者正己而后发。发而不中，不怨胜己者，
> 反求诸己而已矣。

实行仁政好比射箭，射箭的人要先端正自己的姿势，然后射箭。没射中，不抱怨胜过自己的人，反过来从自身找问题就行了。由此我们来理解"似往已回"，意思是击发强弓劲弩的一瞬间，射出利箭，收回弓弦，看似瞄准的是靶心，实则射手需要校正的是自己的内心。所以弓弦张弛之间，正是一个"似往已回"的过程，这个过程本身即为委曲。

---

[1] 见唐代王之涣《凉州词二首·其一》中的"羌笛何须怨杨柳"。

羌笛之声又怎么会"如幽匪藏"——看起来隐藏,实际没有藏呢?四言诗作者又为何只选择羌笛,而不是其他乐器?

这是因为吹奏羌笛的方法很特殊,传统上称之为"鼓腮换气法",如今叫"循环换气法"。掌握这种方法的演奏者能做到气息不中断,自由调控声音,既可让羌笛声或高亢或低沉,在数分钟内绵绵不息,也可让羌笛声微弱到近乎于无,乃至停顿。但这种停顿——隐藏的声音,并不是由于演奏者技术水平不够,气息不足,相反,这其实是演奏者在气流不断、气息饱满的前提下的自主选择。这就是羌笛之声"如幽匪藏"的秘密。

"委曲"四言诗里把射箭礼仪和羌笛吹奏技巧交错缠绕在一起,是在用"反求诸己"暗示我们,不要拘泥于外在形式上的瞄准或声音的断续,而要返回内心,自主选择表达美感的方法。

当然这种自主选择是以高超的技巧为前提的。比如名将桓伊,是东晋打赢淝水之战的前敌指挥。他不但武艺高强,还擅长吹奏羌笛,号称"笛圣",最拿手的是一曲《梅花落》。王羲之的儿子王子猷和桓伊本不相识,一次偶然相逢,便突兀地邀约:"闻君善吹笛,试为我一奏。"[1]那时的桓伊已经位高爵显,但二话不说,"踞胡床,为作三调"[2]。吹罢,二人便各走各路。相传桓伊吹的正是《梅花落》,又因为吹奏三次,所以有人考证这就是名曲《梅花三弄》的由来。

桓伊技法高超,因此他自主选择,"为作三调",也成就了后世的名曲。

---

[1] 见南北朝刘义庆《世说新语·任诞》。
[2] 同上。

听羌笛之声，会是怎样一种感受呢？我们来读读大诗人高适的《塞上听吹笛》：

> 雪净胡天牧马还，月明羌笛戍楼间。
>
> 借问梅花何处落，风吹一夜满关山。

风吹梅花，一夜落满关山。何其美也！可既然杨柳春风都度不过玉门关，何来梅花呢？这很可能是高适听人吹奏一曲《梅花落》后，内心感动而想象出的画面。这想象也正是委曲之美的第二种面貌：似往已回，反求诸己，自主选择表达美感的方法。

猛禽翱翔顺势而为，泉水大潮变化不定

了解了委曲之美从外在转向内在的面貌后，我们再读四言诗最后两句，会发现一种新面貌，这就是顺势而为、变化不定的委曲之美。

"水理漩洑"指的是水流回旋的样子。北宋大文豪苏轼曾写过一篇《书蒲永升画后》，说成都人蒲永升曾为自己画过二十四幅水。一到夏天，他就把这些水图挂到墙上，马上感觉"阴风袭人，毛发为立"。

为什么会有堪比空调制冷的效果？苏轼说因为其他人画的都是死水，而蒲永升画的是活水。可惜蒲永升的活水图都没有传到现在。我们今天能看到的，比较早的是南宋大画家马远绘制的《水图》。寒塘清浅、长江万顷、黄河逆流、秋水回波、云生沧海、湖光潋滟、云舒浪卷……马远在十二幅画面中，施以不同的笔墨线条，几乎穷尽了"活水"的各种形态。

孔子说智慧的人喜爱水，懂得变通，因而快乐。虽然我们已经不知道马远准确详细的生平，但通过《水图》，可以猜想他一定是个有大智慧的人。

再来看"鹏风翱翔"。在所有鸟中，猛禽是迁徙路线最长的一类鸟。比如普通鵟能从亚洲北部的西伯利亚飞到非洲最南端的好望角，单程距离长达一万六千公里。

怎样在漫长的迁徙中节省体能？猛禽的拿手好戏是利用上升的热气流翱翔。热气流和"活水"一样变化不定，但是猛禽最擅"好风凭借力"[1]，顺势迁徙，避免消耗过多的体力。

全国各地都有猛禽迁徙的通道。每到春秋两季猛禽迁徙时，都有观鸟爱好者前往北京西山、山城重庆，乃至广西北海，一睹这些空中王者时而盘桓青云、时而搏击长空的风采。

望远镜里观天阔鸢飞，故宫展柜前有机会欣赏《水图》，舍此二者外，还能在哪里欣赏到顺势而为、变化不定的委曲之美呢？

不妨去泉城济南吧。这里位于丘陵和平原之间。山丘是石灰岩，质地天然疏松，能让地下水顺着倾斜的岩层，流向平原。刚好这一带平原地质是组织严密的岩浆岩，其上又覆盖着不透水的黏土层。于是被拦阻的地下水，在压力作用下，循着裂隙喷涌出地面，形成了趵突泉、黑虎泉、珍珠泉等繁多的天然岩溶泉，也成就了济南百泉争涌、一城山色半城湖的景观。

或者中秋节后的三天去浙江海宁的盐官镇。钱塘江就在这里注

---

[1] 见清代曹雪芹《临江仙·柳絮》。

《水图·洞庭风细》

《水图·层波叠浪》

《水图·寒塘清浅》

《水图·长江万顷》
南宋　马远　北京故宫博物院藏

入东海。每年农历八月十六到十八日，太阳、月球、地球几乎在一条直线上，这时海水受到的引潮力最大。喇叭口似的钱塘江入海口后浪推前浪，催生了更猛烈的钱塘潮。一线潮、十字潮、回头潮、冲天潮……过往两千年来，变幻莫测的潮水吸引了一代代看客。北宋初年文人潘阆填过一阕《酒泉子》：

　　长忆观潮，满郭人争江上望。来疑沧海尽成空，万面鼓声中。

　　弄潮儿向涛头立，手把红旗旗不湿。别来几向梦中看，梦觉尚心寒。

都说相比开放的唐人，宋人含蓄内敛。但面对钱塘潮，宋人玩得很疯狂：弄潮儿不但要在大浪潮头立起身来，还要手把红旗旗不湿！如今极限冲浪的好手，想来水平也就如此吧。

热风鼓荡苍鹰的翅膀，大自然的伟力年复一年、日复一日驱动着钱塘潮、济南泉的奔涌。它们都为我们展现了变化不定、顺势而为的委曲之美。

寻宝小贴士

太行山： 河北的嶂石岩、河南的云台山，都是知名风景区，它们都属于太行山的范畴。作为亚洲东部山脉形态的典型代表，太行山因复杂的地形地貌以及漫长的地质演化历史、丰富的生物多样性，而具有较高的美学和科研价值。2017 年，太行山正式列入申报世界自然遗产的预备清单。

弓箭制作技艺： 在国家级非物质文化遗产代表性项目名录里，有"弓箭制作技艺"，具体涉及三个地方的弓箭制作，分别是：北京的聚元号弓箭制作技艺，据说聚元号曾是清朝皇家的弓箭作坊，承袭了双曲反弯复合弓的优良传统；新疆察布查尔锡伯自治县的锡伯族弓箭制作技艺；内蒙古的蒙古族牛角弓制作技艺。

羌笛演奏及制作技艺： 生活在四川省茂县的羌族，现在仍制作、演奏羌笛。2006 年，当地把"羌笛演奏及制作技艺"成功申报为第一批国家级非物质文化遗产代表性项目。羌笛是一种民间竖吹乐器，由两根长约 15 厘米至 20 厘米、筒孔大小一致的竹管并在一起，用丝线缠绕，管头插着竹制簧哨。制作羌笛一般选用箭竹，孔距必须精确相等，否则音准不一。

泉城济南： 泉城是山东省省会济南市的别称。这里自古有"名泉七十二"的说法，实际泉眼多达一百余处。唐宋八大家之一的曾巩说"齐多甘泉，冠于天下"[1]。乾隆皇帝曾把趵突泉封为"天下第一泉"。2019 年，济南泉·城文化景观被正式列入中国申报世界文化遗产的预备名单。

钱塘潮： 观潮最佳地点在浙江省海宁市的盐官镇。除了农历八月十八日前后三天的观潮节外，其实农历的每月月初、月中都可以观赏到大潮。此外，清华国学院四大导师之一的王国维就是海宁人，他的故居就在盐官镇，2006 年被列为第六批全国重点文物保护单位。在 2019 年，海宁海塘·潮文化景观被正式列入中国申报世界文化遗产的预备名单。

---

1 见北宋曾巩《齐州二堂记·趵突泉记》。

19

实境之美

取语甚直，计思匪深。

忽逢幽人，如见道心。

晴涧之曲，碧松之阴。

一客荷樵，一客听琴。

情性所至，妙不自寻。

遇之自天，泠然希音。

　　语言选取得很直接质朴，构思谋划也不艰深。就好比突然遇见一位隐居的高人，一下子领悟了美的奥秘。

　　阳光映照，山间溪水曲折萦回，松林下郁郁葱葱，一片翠绿。一个人挑着柴担，听琴声悠悠。

　　只要有了真挚的情感，就无须刻意寻求美妙。这美妙自然而得，因缘而遇，它是天籁，是美妙心灵的悸动。

怎样发现实境之美？答案在四言诗里"晴涧之曲，碧松之阴"这一句。我的读法是把"晴、碧"二字理解为使动词——使"涧之曲"晴，使"松之阴"碧。

简单说，就是明媚的阳光照亮山溪曲折萦回的细节，松林下的郁郁葱葱也因光线的作用提升亮度，让原本墨绿荫翳的一团变得碧油油起来，层次分明。这个照亮的过程即为实境之美的创造、发现。

使之晴、使之碧，体现出实境之美的创造者、发现者具有的高超眼光。这眼光又可具体分为慧眼识珠、看朱成碧、青眼相待三种不同的观看视野，我将为你逐一解读。

慧眼识珠：前瞻、宽广的观景视野

在《沉着之美》中，我曾和你分享过苏东坡在黄州时的故事。1084年，他终于离开黄州，改迁汝州团练副使。在去河南汝州的路上，苏轼经过九江，游庐山，写下著名的《题西林壁》：

> 横看成岭侧成峰，远近高低各不同。
> 不识庐山真面目，只缘身在此山中。

身处庐山中，看不清庐山真正的面目，就像生活在桃花源里的人们，怡然自乐，但不会像外人那样对自己的家园充满种种绮丽的遐想。所以理解实境之美，需要幽人慧眼识珠。这正是"实境"四言诗头两句要表达的意思，这里不妨举一处风景为例。

湖南的武陵源，是2009年岁末火爆全球的好莱坞大片《阿凡达》的取景地。可如果查阅古籍文献，你几乎找不到古人对武陵源风景的赞美。甚至在1984年前，还没有"武陵源"这个名字。当时的人们只知道湘西的大庸县有个张家界。张家界——老张家的地界，这个名字是不是很符合"取语甚直，计思匪深"的说法？这片壮美奇伟的石英砂岩峰林地貌景观，能为世人所知，要感谢画家吴冠中。

1979年秋天，吴冠中到湘西的凤凰采风。坊间传闻说有一天，他在沱江边写生，围观人群中有个张家界的小伙子忍不住说："我们那里的山比这儿漂亮多了！"吴冠中听了随口问："你们那里的山长什么样？有多好看？"小伙子一边比画一边说："我们张家界的山是一根一根的，上大下小。"听了这话，吴冠中很好奇。于是在小伙子的带领下，他前往当时还是林场的张家界一探究竟。

对这件事，吴冠中本人的回忆是："张家界，是大庸县北部的一个林场，很少人知道她。我这回因事，顺便到湘西写生，旅途匆匆，人们给我介绍张家界林场，我先是姑妄听之。后来不少当地同志再

位于湖南省张家界市的武陵源

三推荐，我才下决心去看看。"[1]

这一看让大画家无比兴奋，"如获失落在深山的明珠"[2]。吴冠中更放下画笔拾墨笔，写下散文名篇《养在深闺人未识——一颗失落的风景明珠》，发表在1980年元旦的《湖南日报》上。吴冠中在文章中甚至说：

> 为了探求绘画之美，我辛辛苦苦踏过不少名山。觉得雁荡、武夷、青城、石林……都比不上这无名的张家界美。

吴冠中此行改写了湘西的历史，如此讲毫不夸张。

也许你会问：吴冠中笔下再三向他推荐张家界的"不少当地同志"不也有一双双慧眼吗？无非他们不具有吴冠中那样的公众影响力。我并不认同这样的观点。因为这一双识珠慧眼，必须具备前瞻且宽广的视野。

一处风景，美到什么程度，是通过比较确认的，而比较是有范围的。一县之内，张家界和袁家界谁更美？这是一种比较。一省之内，张家界的风景较之边城凤凰更美吗？这又是一种比较。回到二十世纪七十年代末，吴冠中断言全国范围内的诸多名山"都比不上这无名的张家界美"，在当时有如此宽广视野的人凤毛麟角。

慧眼宽广外，还需前瞻。以"世界遗产"为例，这是一个在今天已成为热得有些过头、用得过度泛滥的词。但可能你不知道，早在1972年联合国教科文组织大会上就通过的《保护世界文化和自然

---

[1] 见吴冠中《养在深闺人未识——一颗失落的风景明珠》。
[2] 同上。

遗产公约》，直到1984年才有中国人知晓。当时去美国访学的中国历史地理学奠基人侯仁之先生了解相关情况后，于1985年4月联合郑孝燮、阳含熙、罗哲文向全国政协提案，建议中国加入《世界遗产公约》。这才有1992年武陵源列入世界遗产的后话。

所以山外有山，天外有天。具备超越时代的前瞻眼光，同时视野尺度又宽广到以中国乃至世界为坐标，如此才会成就一双可以准确做出审美判断的慧眼。拥有这等慧眼的，才堪为"实境"四言诗里所说的幽人。

吴冠中、侯仁之都是拥有慧眼的幽人。四言诗最后说"遇之自天"，这可不是任何一位幽人都具备的机缘。湘西这片石英砂岩峰林地貌因缘巧合"忽逢幽人"，实现了从张家界到武陵源的脱胎换骨。这的确称得上发现实境之美的佳话了。

看朱成碧：想象、洞察的观物视野

具备前瞻、宽广的观景视野，辅以机缘巧合，能发现武陵源这样"天生丽质难自弃"[1]的风景。相较浩大的风景，细小的物事、艺术品如何不被湮没，进而使之晴、使之碧？这就需要发现者具有看朱成碧的眼光。

什么是看朱成碧？二十七岁的武则天在感业寺出家为尼时，给唐高宗李治写过一首《如意娘》：

---
[1] 见唐代白居易《长恨歌》。

> 看朱成碧思纷纷，憔悴支离为忆君。
>
> 不信比来长下泪，开箱验取石榴裙。

因为思绪纷纷、沉湎想象，武则天竟把红色看成了绿色。类似的故事见于《列子》讲的九方皋相马。相传相马大师伯乐年事已高，向秦穆公推荐九方皋做接班人。九方皋花三个月寻觅到一匹千里马。秦穆公让他介绍一下这匹马的基本情况。九方皋说"牝而黄"——是一匹黄色母马，结果牵回来的"牡而骊"——是一匹黑色公马。秦穆公忍不住向伯乐抱怨："九方皋这家伙连马的公母、毛色都搞不清楚，还能分辨出好马来？"没承想伯乐的回答竟然是：

> 若皋之所观，天机也。得其精而忘其粗，在其内而忘其外。见其所见，不见其所不见。视其所视，而遗其所不视。若皋之相马，乃有贵乎马者也。

在伯乐看来，九方皋观察的是马的内在神机，注重内在精神而忽略表面现象，洞察的是本质而忘记外在形式。九方皋只看他该看的，不看他不必看的。只聚焦应注意的内容，而省却不必注意的形式。所以九方皋这样的相马，有着比单纯鉴别宝马更珍贵的意义。

从武则天看朱成碧到九方皋相马，体现的正是发现实境之美需要的第二种眼光——基于想象和洞察的观物视野。这里不妨再用一个留存至今的实例展开说明。

1093年秋天，苏轼前往华北重镇定州，出任军政长官。第二年春天他奉诏南迁，算来在定州只工作生活了半年。时间虽短，但东坡却留下了一个印证实境之美的宝贝。这宝贝如今仍然保存在河北省定州市武警八六四〇部队医院内。我曾先后在几个寒冬时节来过这里。在"吕"字形的平房门诊部曲折前行后，旋转一扇铝合金玻璃门的把手，进入一个隐匿的花园。

花园很普通，没有曲水流觞，没有舞榭歌台，太湖石草草叠加出一排假山，前后左右随机穿插着几株新植的雪松和白杨，再有就是一座简易得近乎寒酸的六角亭。在那破落的亭内，有一座雕琢成莲花形状的白石盆。石盆之上就是印证苏东坡看朱成碧本领的宝贝。这宝贝原本是一块炮石——古代攻防作战中通过抛石机抛射的石头。但天意使然"忽逢幽人"，它在东坡笔下变得极不平凡：

予于中山后圃得黑石，白脉，有如蜀孙位、孙知微所画石间奔流，尽水之变。又得白石曲阳，为大盆以盛之，激水其上，名其室曰雪浪斋云。[1]

一块黑色的大石头，上面有一些白色的纹理脉络。在东坡充满想象力与洞察力的视野里，这是立体的山水画。他将其命名为"雪浪石"，甚至因此联想到五代时四川最顶尖的两位画家孙位、孙知微的作品。定州所辖曲阳县石刻高手辈出，苏轼请人用白石雕凿了一个芙蓉花形状的大盆，把这块黑石头安放在盆上。然后往石头上泼水，让那些纹理脉络变得越发明晰。

"实境"四言诗第四句说"一客荷樵，一客听琴"。很自然我们

---

[1] 见北宋苏轼《雪浪斋铭（并引）》。

会联想到《列子》里收录的另一个故事。相传有一个打柴樵夫钟子期，听到俞伯牙弹琴。如果伯牙弹奏时想到高山，子期会说："善哉乎鼓琴！巍巍乎若泰山。"如果伯牙弹奏时想到流水，子期会说："善哉乎鼓琴！洋洋乎若江河。"

高山流水遇知音，在"实境"四言诗里，一客荷樵，一客听琴，到底有几人？我认为只有一个人。挑柴担的樵夫就是听琴人。那块雪浪石如同弹琴的俞伯牙，忽逢知音——那幽人以看朱成碧的本领想象洞察，泼水石上，幻变出奔流不息的山水画，这不正是"晴涧之曲，碧松之阴"的过程吗？

苏轼写过一首《雪浪石》。在这首诗里他说自己泼水石上是"老翁儿戏作飞雨，把酒坐看珠跳盆"。他多会玩啊！看朱成碧的想象力竟如此大胆。但他也有严肃的一面。按《宋史》记载，苏轼用半年时间把定州废弛怠惰的军政整顿一新，"众皆畏伏"。能在纷繁复杂的公务中洞察要害，集中精力解决主要矛盾。由此我们也可领略到苏轼极强的洞察视野。

我一次次寻访、

位于河北省定州市古众春园里的雪浪石
乔鲁京/摄

一次次激赏雪浪石。因为它朴实有力度，犹如猛虎的躯干，岁月洗尽颜色，陈化成黑色的皮毛和白色的条纹；因为它的纹路可以解释成边关健儿血战沙场后留下的刀疤剑痕；更因为倘若烽烟再起，勇士们站立城头时，它还可以充作抵御敌寇的滚木礌石。

巍巍乎若泰山，洋洋乎若江河。东坡看朱成碧，用想象和洞察的观物视野成就了一段知音传奇，创造了一番实境之美。

青眼相待：真诚、平等的观人视野

慧眼识珠、看朱成碧，视野所及的是景、是物，但实境之美不止于张家界般的风景、雪浪石般的宝物，还有人。故而发现实境之美的观看视野也有第三种，名为青眼相待。《晋书·阮籍传》说：

> 籍又能为青白眼，见礼俗之士，以白眼对之。及嵇喜来吊，籍作白眼，喜不怿而退。喜弟康闻之，乃赍酒挟琴造焉，籍大悦，乃见青眼。

所谓青眼就是凝眸正视，表达喜爱和器重。当然大家更熟悉的，是用斜视翻白眼传递鄙夷与嫌弃。鲁迅说："白眼大概是全然看不见眸子的，恐怕要练习很久才能够。青眼我会装，白眼我却装不好。"[1]阮籍是反抗旧礼教的，碰到讲究礼俗的人，爱翻白眼。

阮籍母亲去世，嵇喜一本正经来吊唁，他以白眼视之，两人不

---

[1] 见鲁迅《魏晋风度及文章与药及酒之关系》。

欢而散。嵇喜弟弟嵇康怀揣着酒、挟带着琴前来，阮籍大喜过望，凝眸正视比自己小十五岁的嵇康。此乃青眼相待典故的由来。

阮籍青睐嵇康，嵇康又如何看待阮籍呢？在《与山巨源绝交书》里，嵇康说阮籍："口不论人过，吾每师之而未能及。至性过人，与物无伤，唯饮酒过差耳。"阮籍虽不拘礼教，但从不臧否人物、议论他人过失，嵇康一心想学阮籍这一点，却总管不住自己的嘴巴。在嵇康看来，阮籍天性纯真善良，唯一的缺点就是饮酒过度。

阮籍嗜酒。《世说新语》里说当时部队里的步兵校尉出缺，这个官职管辖的营房贮存美酒"数百斛"，换算下来有数万斤之多，于是"阮籍乃求为步兵校尉"……阮籍也爱弹琴，他的八十二首《咏怀诗》，第一首就与琴相关：

> 夜中不能寐，起坐弹鸣琴。
>
> 薄帷鉴明月，清风吹我襟。
>
> 孤鸿号外野，翔鸟鸣北林。
>
> 徘徊将何见？忧思独伤心。

再观嵇康，也好酒，能借一杯浊酒怀念幽人[1]。更爱弹琴，不仅留下《琴赋》和名句"目送归鸿，手挥五弦"[2]，更在刑场赴死之际抚琴操缦一曲《广陵散》。他俩兴趣相投，又都是至情至性之人，诚如"实境"四言诗中说的"情性所至，妙不自寻"，所以才会彼此青眼相待，写下中国文化史上有关"竹林七贤"不朽

---

[1] 见三国时期嵇康《酒会诗》"酒中念幽人"。
[2] 见三国时期嵇康《赠秀才入军·其十四》。

的美谈。

青眼相待者，不但可以是同时代的人，也能是异代知己。且把话头转回苏轼。话说白石芙蓉盆雕凿好了，黑色的炮石安放其上。可五十七岁的苏轼还没玩几次激水飞雨的游戏，就要面对人生新的挑战。1094年初夏，他离开定州，从华北匆匆南下。他穿过大半个中国，翻越逶迤的五岭，最终在广东惠州、海南儋州开始了"子孙恸哭于江边""魑魅逢迎于海上"[1]的"功业"。

步入晚年的苏轼继续扮演着钟子期的角色，荷樵、听琴，此时他的俞伯牙则从雪浪石换成比他早了近七百年的诗人陶渊明。之所以我会这样说，是因为作为异代知音，苏轼先后写了一百多首和陶诗，其中大多数都创作于漂泊岭南的岁月。

所谓和陶诗，就是按陶渊明诗歌的原韵原字，附和创作新的诗歌。苏轼用一百多首和陶诗，重新书写了中国文学史，最终确立了陶渊明至高的地位。如此说，是因为陶渊明在南北朝时没引起多少人注意。到唐代，一些诗人虽然开始关注他，但其名望仍不算高。

让我们用神怪小说的方式来讲这段逸事吧：在陶渊明看来，南北朝、唐代的诗人们"十有九人堪白眼"[2]，直到忽逢东坡，他俩各自凝眸，目光正对，方才青眼相待。在陶渊明的诗歌里，最为今人熟悉的也许是二十首饮酒诗中的第五首：

> 结庐在人境，而无车马喧。

---

[1] 见北宋苏轼《到昌化军谢表》。
[2] 见清代黄景仁《杂感》。

> 问君何能尔，心远地自偏。
>
> 采菊东篱下，悠然见南山。
>
> 山气日夕佳，飞鸟相与还。
>
> 此中有真意，欲辨已忘言。

苏轼逐一应和了二十首饮酒诗，他的第五首和诗是这样写的：

> 小舟真一叶，下有暗浪喧。
>
> 夜棹醉中发，不知枕几偏。
>
> 天明问前路，已度千重山。
>
> 嗟我亦何为，此道常往还。
>
> 未来宁早计，既往复何言。

坦率说，与众多代表作相比，苏东坡写的一百多首和陶诗大多这般"取语甚直，计思匪深"，很难称得上脍炙人口。但这些诗篇无不展现了他至精至诚的性情。一一读来，自有动人处。

小舟一叶暗浪喧。生命行至终点，苏轼说自己"身如不系之舟"[1]。在他大起大伏、宠辱交替的一生中，和陶诗就像是沉入水下的船锚，稳稳守住了人生的航向，使他这叶小舟"纵浪大化中，不喜亦不惧"[2]。1100年苏轼遇赦，北归渡海时他豪迈地说："九死南荒吾不恨，兹游奇绝冠平生！"[3]这是不屈不挠的生命礼赞，相信助他

---

[1] 见北宋苏轼《自题金山画像》。

[2] 见东晋陶渊明《形影神三首·神释》。

[3] 见北宋苏轼《六月二十日夜渡海》。

"九死其犹未悔"[1]的，少不了陶渊明穿越近七百年凝眸青睐的长久慰藉。

"人生得一知己足矣，斯世当以同怀视之。"[2]情性所至，苦雨终风也解晴；妙不自寻，默默地云散月明，天海澄清。遇之自天，舒展开实境之美的浩荡画卷；泠然希音，或慧眼识珠，或看朱成碧，或青眼相待，请用前瞻宽广、想象洞察、真诚平等的三种观看视野，瞩目于景、于物、于人吧！

寻宝小贴士

武陵源： 位于湖南省张家界市。1992 年武陵源被列为世界自然遗产，具体包括张家界、索溪峪、天子山等景区。

雪浪石： 位于河北省定州市的市区。这里目前属于武警某部队医院，未来有望正式对外开放。

东坡书院： 位于海南省儋州市中和镇，这里介于海南环岛高铁的银滩站和白马井站之间。1996 年东坡书院被公布为第四批全国重点文物保护单位。

---

[1] 见战国时期屈原《离骚》。
[2] 见清代徐时栋《烟屿楼笔记》。鲁迅曾手书这副对联赠送给瞿秋白，这是另一个青眼相待的故事。

20

悲慨之美

大风卷水，林木为摧。

意苦欲死，招憩不来。

百岁如流，富贵冷灰。

大道日丧，若为雄才。

壮士拂剑，浩然弥哀。

萧萧落叶，漏雨苍苔。

　　大风掀卷起巨浪，成排树木被摧折。内心痛苦得像要死去，难以得到些许安慰和片刻休憩。

　　人生短暂如流水，富贵转眼成冷灰。面对日益沦丧的世道，纵是雄才大略之人也无可奈何。

　　义勇之士一遍遍拂拭宝剑，仰天长叹，悲从中来。秋风萧萧吹尽落叶，冷雨滴滴落满苍苔。

大风是什么？

"悲慨"四言诗为何以"大风卷水"开篇？大风，究竟是什么？在生命最后岁月，六十二岁的汉高祖刘邦唱了一首《大风歌》：

> 大风起兮云飞扬，
>
> 威加海内兮归故乡，
>
> 安得猛士兮守四方。

唱得正投入的刘邦或许想到自己年轻时说过的一句话。当年他去咸阳服徭役，看到比自己只大三岁的秦始皇出巡。盛大的排场让刘邦忍不住感慨："嗟呼，大丈夫当如此也！"[1]由此理解，刘邦的"大风"是志得意满的大风，不是这首四言诗中摧折林木的卷水大风。

请注意，"悲慨"四言诗里掀卷起滔天巨浪的大风，不是在摧枯拉朽，而是肆意妄为地摧折一切正常生长的林木。这是暴虐的大风。东晋时，书圣王羲之给名将殷浩写过一封信。信中说："天下将有土崩之势，何能不痛心悲慨也！"[2]这"卷水大风"，亦是天下大乱土崩瓦解、黎民死难困苦不堪的象征。

秦始皇三十三岁那年，险些命丧刺客的匕首之下。那刺客名叫荆轲。从燕国出发时，荆轲唱起一首歌："风萧萧兮易水寒，壮士一去兮不复还！"[3]他已然知晓自己一去不复还的命运，上车后再不回

---

[1] 见西汉司马迁《史记·高祖本纪》。

[2] 见东晋王羲之《又与殷浩书》。

[3] 见西汉刘向《战国策·燕策三》。

头。他正是"浩然弥哀"的壮士。司马迁说秦始皇"以暴虐为天下始"[1]，易水畔的萧萧寒风正是始皇帝暴虐天下的象征。

755年岁末到763年初，又一场暴虐的大风——安史之乱足足呼啸席卷了七年多的时间。762年冬天，诗圣杜甫在四川射洪拜谒陈子昂读书台，留下"悲风为我起，激烈伤雄才"[2]的诗句。767年秋天，五十六岁的他又写下号称"七律第一"、冠绝古今的《登高》：

> 风急天高猿啸哀，渚清沙白鸟飞回。
>
> 无边落木萧萧下，不尽长江滚滚来。
>
> 万里悲秋常作客，百年多病独登台。
>
> 艰难苦恨繁霜鬓，潦倒新停浊酒杯。

此时安史之乱虽已结束四年多，但"大道日丧，若为雄才"，因此这吹尽落叶的急风，仍可算是"悲慨"四言诗中卷水大风的余绪。

天下第二行书：大风吹来巢倾卵覆

2019年春天，在日本东京国立博物馆举办盛况空前的大型特展《颜真卿：超越王羲之的名笔》。最重头的展品是从台北故宫借来的颜真卿亲笔墨迹《祭侄文稿》。这卷中国艺术史上的至尊宝物，见证的正是安史之乱这场暴虐的大风。

安史之乱甫一爆发，"渔阳鼙鼓动地来，惊破霓裳羽衣曲"[3]。

---

[1] 见西汉司马迁《史记·秦始皇本纪》。
[2] 见唐代杜甫《冬到金华山观，因得故拾遗陈公学堂遗迹》。
[3] 见唐代白居易《长恨歌》。

过惯了太平日子的人们疏于战备。安禄山、史思明则蓄谋已久，叛军一时呈席卷之势。危难之际，分别担任常山郡（今河北正定）太守、平原郡（今山东德州）太守的颜杲卿、颜真卿两兄弟，坚持作战，与叛军周旋。

756年初，颜杲卿不幸兵败被俘，他和儿子颜季明誓死不降，先后被安禄山用残忍的方式杀害。据说当时唐玄宗曾叹息河北二十四郡竟无一个忠臣，在得知颜真卿仍在平原郡坚守的消息后，不禁感慨："朕不识真卿何如人，所为乃若此！"[1]因其功绩，后世尊称颜真卿为"颜平原"。

两年后，颜真卿找到自己侄儿颜季明的头骨。悲愤交加中，他起草祭文。这篇二十三行、二百三十四字、圈点涂改触目皆是的草稿，就是《祭侄文稿》。因为是草稿，所以颜真卿在书写时不在乎字距行距、浓墨淡墨，章法也飘忽不定。全篇结构、笔画粗细、墨色变化，都随着书写的内容游走跌宕。

一纸草稿，美在哪里？仅仅分析"贼臣不救，孤城围逼，父陷子死，巢倾卵覆，天不悔祸，谁为荼毒"这二十四个字，我们就足以感受到沉痛切骨、动心骇目的悲慨之美。

"贼臣不救，孤城围逼"八个字，结体上充分展示了颜体字开张豁达的构形特点；"父陷子死，巢倾卵覆"八个字，墨法上以浓郁厚重的色泽，传递出丧失亲人、痛彻心扉的苦楚；"天不悔祸，谁为荼毒"八个字，线条上遒劲利落，仿佛是颜真卿果敢坚毅的性格再现；至于"覆"和"天"之间的留白，章法上堪称疏可走马，与前后各

[1] 见《新唐书·列传第七十八·颜真卿传》。

行的密不透风形成强烈对比，一举打破了郁闷沉重的空间感，恰似喷涌而出的间歇泉，让悲慨的情绪得到畅快淋漓的宣泄。

据说在东京的这次展览上，有日本书法史学者在《祭侄文稿》上发现了颜真卿的泪痕。

王羲之的《兰亭序》是天下第一行书，天下第二行书非《祭侄文稿》莫属。

在安史之乱中，颜常山杲卿、颜季明、颜平原真卿都是顶天立地的英雄好汉，宁折不弯的参天巨树。他们，让我想起英国诗人狄兰·托马斯（Dylan Thomas）代表作《死亡也一定不会战胜》的第一节：

> 死亡也一定不会战胜。
> 赤条条的死人一定会
> 和风中的人西天的月合为一体；
> 等他们的骨头被剔净而干净的骨头又消失，
> 他们的臂肘和脚下一定会有星星；
> 他们虽然发狂却一定会清醒，
> 他们虽然沉沦沧海却一定会复生，
> 虽然情人会泯灭爱情却一定长存；
> 死亡也一定不会战胜。

《西亭记》残碑：风吹过，留下万古芳香

2019年秋天，浙江大学艺术与考古博物馆落成开放。镇馆之宝

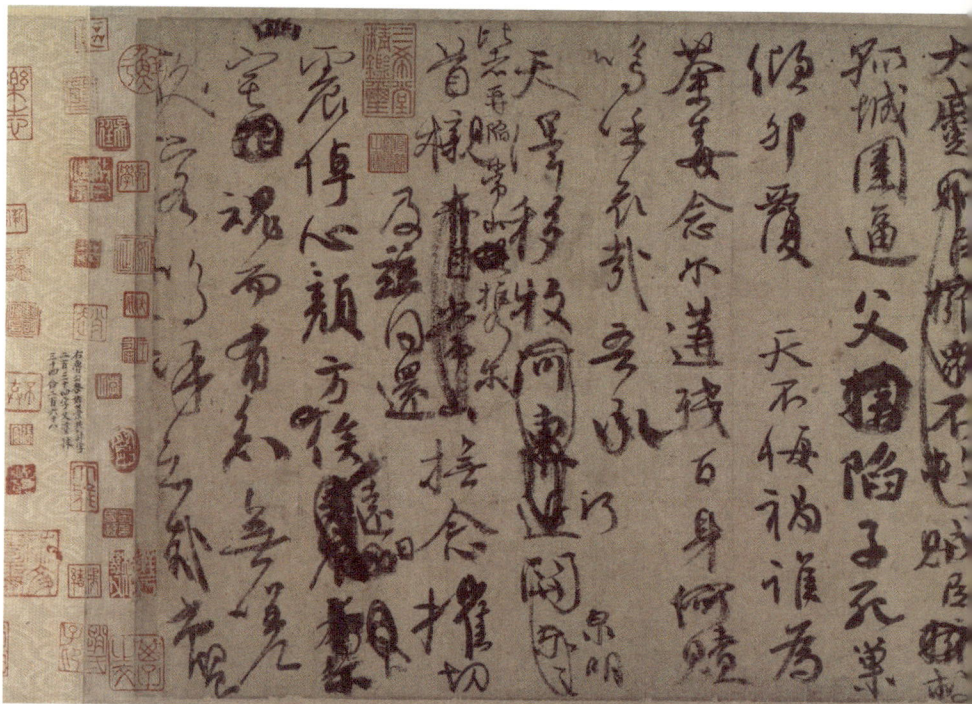

是一通残破的《西亭记石碑》。落笔《祭侄文稿》近二十年后，777年初夏，担任湖州刺史的颜真卿挥毫写下《西亭记》。

可惜石碑已经残损，破碎成两大一小共计三块。残碑四面环刻，遗存二百六十六字。它原本矗立于湖州苕溪之畔，不知何年何月因何缘故堕入河中。它斜斜地插入河底，被淤泥附着的碑阴局部，字迹清晰，点画饱满，锋芒毕露。暴露于水中的其余部分，因为时时被冲刷磨蚀，字迹呈现出别样的效果，瘦劲、滞涩，乃至混沌。

写毕《西亭记》四个月后，六十九岁的颜真卿告别湖州，回到长安出任刑部尚书。如同他笔下的楷书磅礴严正，颜真卿的为人刚直不阿，朝堂上屡屡触犯担任宰相的奸臣卢杞。

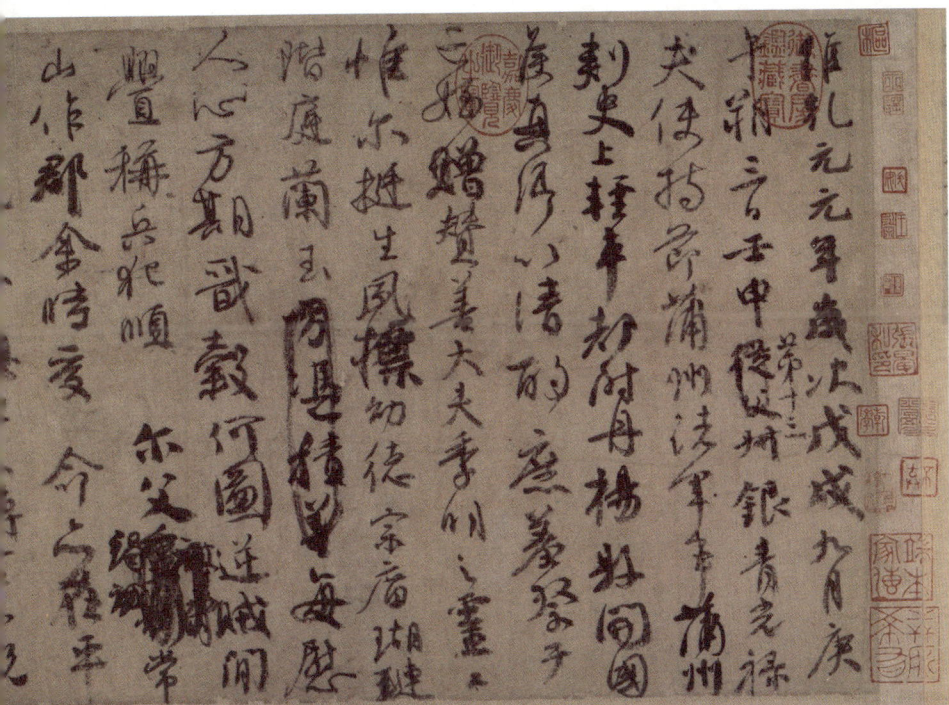

《祭侄文稿》 唐 颜真卿 台北故宫博物院藏

《新唐书》上记载，卢杞嫌颜真卿碍事，想把他再次外放。为此颜真卿曾当面和卢杞说："我年老体弱，希望得到您的庇护。二十多年前您的父亲卢奕被安禄山杀害，头颅传送到平原郡。他脸上的血，我不敢用衣服擦拭，而是伸出舌头舔舐干净。现在您怎能忍心不容我呢？"

可奸佞之徒的心性终如豺狼。783年，卢杞借刀杀人，建议皇帝任命颜真卿作为使节，去安抚起兵叛乱的李希烈。明知有去无回，面对众人的劝阻，颜真卿的回答掷地有声："君命可避乎？"[1]

784年8月23日，深陷匪巢的颜真卿被缢杀于蔡州（今河南省汝南县），享年七十六岁。雄才壮士，浩然弥哀。

---

[1] 见《新唐书·列传第七十八·颜真卿传》。

一年后，被罢相外放的卢杞死在澧州（今湖南省澧县）。奸邪小人，富贵转瞬成冷灰。犹记得司马迁说过："人固有一死，或重于泰山，或轻于鸿毛，用之所趋异也。"[1]

我去看《西亭记》残碑，仔细端详后，感慨污泥让刻痕完好如新，清水使字迹漫漶不清。这或许是一种隐喻，但历史终将宣示，人生百岁如流水，烈烈轰轰做一场，留得声名万古香。[2] 正如那首《死亡也一定不会战胜》的第二节所说：

> 死亡也一定不会战胜。
>
> 在大海的曲折迂回下久卧，
>
> 他们决不会像风一样消逝；
>
> 当筋疲骨松时在拉肢刑架上挣扎，
>
> 虽然绑在刑车上，他们却一定不会屈服；
>
> 信仰在他们手中一定会折断，
>
> 独角兽般的邪恶也一定会把他们刺穿；
>
> 纵使四分五裂他们也决不呻吟；
>
> 死亡也一定不会战胜。

白塔与文祠：老去秋风吹我恶

1271 年，忽必烈将国号改为"大元"，又命令来自尼泊尔的工匠

---

[1] 见西汉司马迁《报任安书》。

[2] 见文天祥《沁园春·题潮阳张许二公庙》："骂贼睢阳，爱君许远，留取声名万古香。""人生翕欻云亡。好烈烈轰轰做一场。"

阿尼哥主持修建一座巨型佛塔，作为帝国权力的象征。就在阿尼哥指挥万千工匠大兴土木时，一场暴虐的大风也在忽必烈的宫廷生成。这狂飙把南宋逼上了末路绝境。

1276年正月十八日，在南宋都城临安，谢太后派人向元军献降表，第二天又任命文天祥为右丞相兼枢密使，出城与元军谈判。在谈判桌前，文天祥抗词慷慨，继而被扣押，之后逃脱，奔走组织义军抗元。所有这一切，在文天祥为自编诗集《指南录》写的后序里记述得清清楚楚。

1276年二月初五，临安皇城举行受降仪式，宋恭帝退位。两年后的十二月二十日，在如今广东海丰境内的五坡岭遭遇战中，文天祥被俘。元军统帅张弘范如获至宝，要求文天祥给南宋流亡小朝廷写劝降信。文天祥书写《过零丁洋》作为回答：

> 辛苦遭逢起一经，干戈寥落四周星。
> 山河破碎风飘絮，身世浮沉雨打萍。
> 惶恐滩头说惶恐，零丁洋里叹零丁。
> 人生自古谁无死？留取丹心照汗青。

他是战俘，被俘两个月后在张弘范的船头目睹崖山决战。大风卷水，他眼睁睁看十万军民投海，化作十万具浮尸。风暴渐隐，他迎着风吹来的方向北上。路经南京，迎着扑面而来的风，他用一首《金陵驿》感慨：

> 万里金瓯失壮图，衮衣颠倒落泥涂。

位于北京市西城区的妙应寺白塔
乔鲁京/摄

位于北京市东城区的文天祥祠
乔鲁京/摄

空流杜宇声中血，半脱骊龙颔下须。
老去秋风吹我恶，梦回寒月照人孤。
千年成败俱尘土，消得人间说丈夫。

1279年，洁白如雪的巨型佛塔终于在大都落成，保存至今，俗称白塔寺。连同用黄土夯筑的大都城墙，被合称为"金城玉塔"。几乎与此同时，文天祥走进金色的黄土城墙。在看到那座超过五十米高的崭新白塔后，他步入一间"污下而幽暗"[1]的土室囚牢。再后来，忽必烈许下高官厚禄，文天祥不为所动。

1283年1月9日，忽必烈最后一次召见文天祥，问他有什么愿望。文天祥的回答是："天祥受宋恩，为宰相，安事二姓？愿赐之一死足矣。"[2]忽必烈遂了他的愿。收尸时，人们在文天祥的衣带里发现了他的绝笔书：

孔曰成仁，孟曰取义，
惟其义尽，所以仁至。读圣

---

[1] 见文天祥《正气歌》。
[2] 见《宋史·列传第一百七十七·文天祥传》。

贤书，所学何事？而今而后，庶几无愧。[1]

南锣鼓巷是今天北京游客如织的地方，隔一条交道口南大街，是府学胡同的西口，相传七百多年前这里是元大都的柴市——文天祥舍生取义的所在。1376年（明太祖洪武九年），这里被改建为文天祥祠。

悲慨之美是什么？

悲慨之美是什么？

是一幕幕精彩的人生大戏。

"悲慨"四言诗最后描写的"萧萧落叶，漏雨苍苔"，不过是剧终人散后空寂的舞台。文天祥祠内，"古庙幽沉，仪容俨雅，枯木寒鸦几夕阳。"[2]那株传说由他亲手栽种的枣树，是这舞台仅有的布景。

至于看客们的掌声与喝彩声，全在"大风卷水，林木为摧"的过程中。鲁迅在《娜拉走后怎样》里说，使戏剧的看客"无戏可看倒是疗救，正无需乎震骇一时的牺牲，不如深沉的韧性的战斗"。是的，这是一场深沉的韧性的战斗，时间以千年计，华夏儿女舍生忘死、向死而生的民族血性代代锻造，传承接力。

在这出以"悲慨"为主题，"长路漫浩浩"[3]的大戏中，荆轲、颜杲卿、颜季明、颜真卿、文天祥等仁人志士前赴后继。当生命的光熄灭时，每一幕的主角都会念诵让后辈奋起前进的诗句，从"风

---

[1] 见《宋史·列传第一百七十七·文天祥传》。
[2] 见文天祥《沁园春·题潮阳张许二公庙》。
[3] 见汉代《古诗十九首·涉江采芙蓉》。

萧萧兮易水寒"到"老去秋风吹我恶",从"砍头不要紧"[1]到"我流血的地方,或者我瘗骨的地方,或许会长出一朵可爱的花来"[2]。

这朵可爱的花让我又想起《死亡也一定不会战胜》的第三节:

> 死亡也一定不会战胜。
>
> 海鸥不会再在他们耳边啼叫,
>
> 波涛也不会再在海岸上喧哗冲击;
>
> 一朵花开处也不会再有
>
> 一朵花迎着风雨招展;
>
> 虽然他们又疯又僵死,
>
> 人物的头角将从雏菊中崭露;
>
> 在太阳中碎裂直到太阳崩溃,
>
> 死亡也一定不会战胜。

是的,死亡也一定不会战胜。早在两千三百年前,孟子就已郑重宣告:"我善养吾浩然之气!"你看,东海西海,心理攸同。这浩然之气在悲慨中蕴蓄、鼓荡,继而喷薄为大美、大智、大勇、大无畏。

天地有大美而不言,道之所在[3],虽千万人,吾往矣[4]!

---

[1] 见夏明翰《就义诗》。
[2] 见方志敏《可爱的中国》。
[3] 见唐代韩愈《师说》。
[4] 见《孟子·公孙丑上》。

寻宝小贴士

颜真卿书法圣地——西安碑林： 在中国书法史上，颜真卿是唯一能和王羲之比肩的大师。1961 年被国务院列为第一批全国重点文物保护单位的西安碑林，收藏有颜真卿书丹的七通碑石，是欣赏颜书的圣地。这七通碑石依书写先后顺序依次为：劲秀端庄的《多宝塔碑》，刚烈飞扬的《争座位帖》刻石，浑厚古劲的《郭氏家庙碑》，宽博劲峭的《臧怀恪碑》，端毅严正的《马璘新庙碑》，刚健沉雄的《颜勤礼碑》，雄壮雍容的《颜氏家庙碑》。

文天祥祠： 全国有多处和文天祥有关的遗迹。其中北京的文天祥祠坐落于东城区府学胡同 63 号，最近的地铁站是北京地铁 8 号线的南锣鼓巷站。2013 年这里被国务院公布为第七批全国重点文物保护单位。

文天祥墓： 文公之墓坐落于如今江西省吉安市青原区富田镇，2013 年被国务院公布为第七批全国重点文物保护单位。井冈山机场距离吉安市区五十公里，吉安也开通了高铁。

21

形容之美

绝伫灵素，少回清真。

如觅水影，如写阳春。

风云变态，花草精神。

海之波澜，山之嶙峋。

俱似大道，妙契同尘。

离形得似，庶几斯人。

　　创作者在构思时要聚精会神，高度专注，这样就会很快在头脑里浮现出清晰真切的形象。这个过程好比追寻水的影子，书写生机盎然的春意。

　　形容之美的创作过程就像是表现风云变化，捕捉花草的精神气质。又仿佛是在反映大海的波澜壮阔，描绘高山的峻峭突兀。

　　不拘泥形体容貌，方可求得神似。掌握了这个秘诀，创作者才能达到"形容"的境界。

"形容之美"的"形容",是形体容貌的意思。表现在艺术创作里,可以理解为形象。这首四言诗里描绘的形容之美究竟是怎样的呢?

表现出艺术形象的灵魂

所谓"绝伫灵素,少回清真",说的是创作者在构思时要高度专注,如此头脑里就能很快产生清晰真切的形象。

接下来作者一口气连用了六个比喻。"如觅水影",不是让我们简单描写水的形态样貌,而是要去追寻水的影子,比方夏日里关注一池莲花,应该注意到在阳光作用下,荷叶上有水影摇荡;"如写阳春",不是让我们只描写桃红柳绿,而是要表现出生机勃勃的盎然春意;"风云变态",是要求我们反映风云变幻莫测;同理,"花草精神""海之波澜,山之嶙峋",是要凸显出花草各自的精神气质、海的壮阔、山的峻峭。在"形容"四言诗的作者看来,如此才符合艺术创作的"大道",与尘世巧妙契合。

这首诗的最后一句"离形得似,庶几斯人"最为关键,大意是说善于表现形容之美的创作者,其创作秘诀是不拘泥于形体容貌,方可求得神似,如此才能创造出形容之美。形容之美的核心,在于表现出艺术形象的灵魂。

艺术形象的灵魂和其形体容貌之间有什么关系?接下来我将结合具体的案例一一展开。

逼真传神

艺术灵魂与形体容貌之间的第一组关系是逼真传神。"逼真"针对的是形体容貌，"传神"说的就是灵魂了。

阅读西方艺术史，你会发现自画像是一个传统，比如凡·高就有多幅自画像传世。可在中国艺术传统中，自画像稀见。我下面要为你介绍的，正是一位中国天才绘制的自画像。

这位天才叫任熊。他用浑厚雄强的笔法于山水、人物、花卉、鸟兽各种题材间驰骋纵横。北京故宫博物院收藏有他的自画像立轴，堪称形容之美里逼真传神的代表作。

任熊的这幅立轴没有年款，从面貌上看应该是他而立之年的作品。自画像中，任熊衣纹若铁画银钩，他双手交错，昂然挺立，远远望去呼之欲出，真有"山之嶙峋"的气概。他袒露右肩，不修边幅的装束俨然是行走江湖的绿林豪杰，但神情肃穆，面露沉思，又暗示自己绝非逞匹夫之勇的莽汉。栩栩如生的形态容貌，彰显着画家的阳刚之气，让观看者能够迅速捕捉到他勇猛坚毅的灵魂。

逼真传神不局限于人物。比如现在收藏于美国纽约大都会博物馆的《照夜白图》，是中国鞍马画中的极品。这张画是唐代大画家韩幹绘制的，表现的是唐玄宗李隆基的坐骑"照夜白"的形象。

在大约一尺的画幅上，韩幹只在画中略微偏右的位置描绘了一匹骏马，这就是照夜白。在画面里，膘肥肌腱的照夜白被拴于一根马桩上，画家捕捉的是它昂首嘶鸣的瞬间。只见照夜白张口翕鼻，

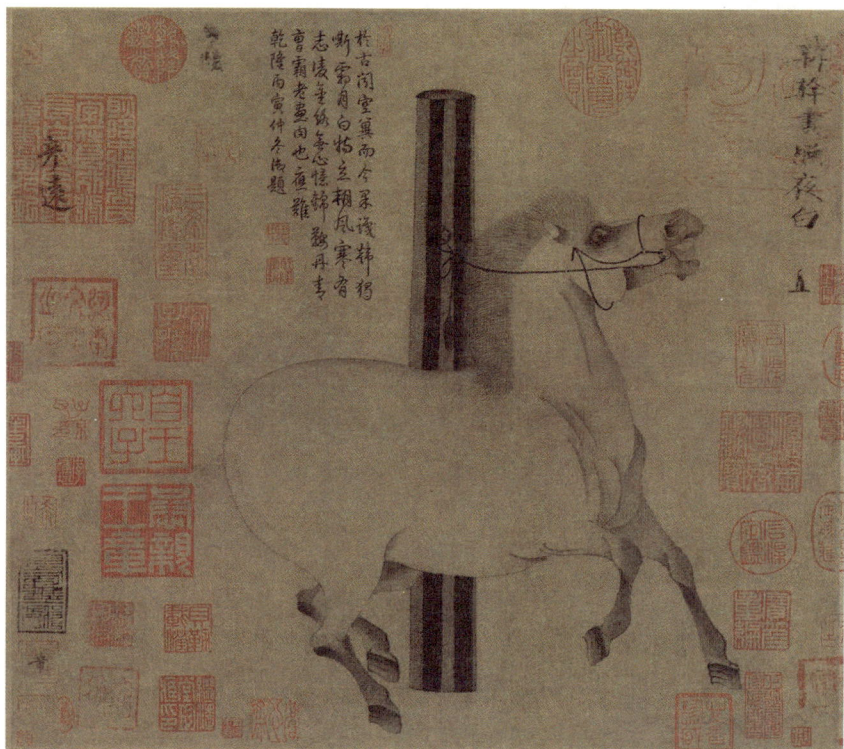

《照夜白图》 唐 韩幹 美国纽约大都会博物馆藏

耸耳凌髭，眼睛怒睁近于撕裂，四蹄腾骧仿佛急欲挣脱羁束。

杜甫写过一首四言诗《画马赞》，称许"韩幹画马，毫端有神"。在诗圣笔下，韩幹画的千里驹"鱼目瘦脑，龙文长身。雪垂白肉，风蹙兰筋。逸态萧疏，高骧纵恣。四蹄雷雹，一日天地"。读过这些文辞后，再对照着欣赏《照夜白图》，你会发现韩幹用笔简练，线条纤细而劲道十足，不但逼真地表现出千里驹被牢牢拴住欲解脱而不能的形貌，更传神地彰显了照夜白桀骜不驯、渴望自由的灵魂。在逼真与传神之间，画家描绘出紧张激烈的矛盾冲突。由此看杜甫在

《画马赞》最后，表彰韩干是"落笔雄才"，也确实不是过誉之词。

似与不似之间

艺术灵魂与形体容貌之间的第二组关系，我称之为形体容貌在似与不似间传达出灵魂。

这里不妨先以一处风景为例。江西省境内的玉山、德兴交界地带有一处世界自然遗产——三清山。在全世界已知的花岗岩地貌中，三清山分布着最密集、形态最多样的峰林。丰富的花岗岩造型石、九种植被类型、变化多端的气候，三者结合创造出罕见的自然景观美学。

在三清山花岗岩峰林中，最神奇的莫过于"东方神女"了。它高近九十米，无论远望近观，都分明是一位静默端坐的少女。只见"神女"伸出双手托着古松，仿佛正凝神沉思。她秀发齐肩，丰满端庄，借用曹植《洛神赋》里赞美洛水女神宓妃的话，就是"其形也，翩若惊鸿，婉若游龙，荣曜秋菊，华茂春松"。

其实摒除主观想象，三清山的"东方神女"只是一组花岗岩造型石，但大自然鬼斧神工，作用于观看者的眼睛、诉诸其头脑，就幻化为绝世而独立的佳人，周身散发出妙在似与不似之间的形容之美。

当然，这种似与不似之间的美不止于自然伟力，人也能创造出相同的美感。

1969年，在甘肃省武威市的雷台，市民开挖防空洞时发现了一座古墓，出土了众多文物，其中最著名的莫过于铜奔马。较之被马

铜奔马　东汉或西晋　甘肃省博物馆藏

桩束缚、寸步难行的照夜白，这匹铜奔马可是奋蹄撒欢，都跑到天上去了。你瞧它三足腾空，一蹄轻踏飞翔中的鸟儿。那小鸟正展翅疾飞，突然觉得自己背上一沉，猛回头却见竟是一匹凌空驰骋的天马！

你看，形体的似与超乎真实的不似，就这样被创作者凝聚成一个极富戏剧性的瞬间，神乎技矣！

得意忘形

艺术灵魂与形体容貌之间的第三组关系，可称之为"得意忘形"。语出《晋书·阮籍传》，说的是阮籍"嗜酒能啸，善弹琴。当其得意，忽忘形骸"。我引用到这里，强调的是"当其得意"——当其表现出艺术形象的灵魂时，"忽忘形骸"——就不在乎形态容貌了。

在陕西兴平，汉武帝刘彻的陵墓茂陵封土以东大约一公里，有一座土丘，曾经散落着若干巨石和硕大的石雕。清代学者毕沅为这座土丘题名"霍去病墓"。梳理历史文献，我个人觉得毕沅这个判断或许有问题。当然这不妨碍我们去欣赏一直保存在土丘上的西汉石雕《马踏匈奴》。

又是一位无名匠师。生活在两千一百年前的他，依托一块巨石，用朴拙明快的手法雕刻出一匹雄强彪悍的战马。雕琢虽简，但线条凝练、轮廓有力，尤其是马的四肢粗壮坚实，宛若四根巨大的石柱，其间禁锢住一个敌人，他蜷缩着，正无望地垂死挣扎。虽然这匹战马的形态稍显失真，却也传递出"骏马长鸣北风起""为君一日行千里"[1]的创作追求。

"得意忘形"的不止于马，也可以是人物绘画。

南宋画家梁楷，传世有细笔、粗笔两种风格。细笔如上海博物馆征集收购的《白描道君像图》，相传是他的早期代表作。晚年作品由细转粗，风格遽变，"传于世者，皆草草，谓之减笔"[2]，尤以收藏在日本东京国立博物馆的《太白行吟图》为巅峰之作。

在这幅立轴中，梁楷删去一切繁杂，舍弃全部背景，只用简练且豪放的笔墨，勾勒出李白潇洒行吟的姿态神情。运笔一气呵成，诗仙高蹈飘逸的形象跃然纸上，毫无巧饰但神完气足。对比之前提到的任熊自画像，手

《太白行吟图》 南宋 梁楷
日本东京国立博物馆藏

---

[1] 见唐代岑参《卫节度赤骠马歌》。
[2] 见元末明初夏文彦《图绘宝鉴》。

法可谓南辕北辙，但和《马踏匈奴》异曲同工，都收到了"妙契同尘""离形得似"的艺术效果。

人马，春水，花草，山海，风云，各有各的形体容貌，各有各的灵魂。形体容貌，可以逼真，可以模糊，唯有灵魂永不失焦。创作者手法上或朴拙粗豪，或洗练精微，不管什么方向，目标只有一个——攻占灵魂的高地。以上我举的例子，全是把红旗插上艺术高地的幸存者。环顾四周，却发现遍地烽烟，处处牺牲，离形得似者，又有几人？

寻宝小贴士

三清山： 位于江西省上饶市的玉山县与德兴市交界处，毗邻浙江省。这里不仅是道教名山，一些地质学家认为三清山拥有西太平洋边缘最美丽的花岗岩地貌，被《中国国家地理》选为"中国最美的五大峰林"之一。2008 年，三清山列入《世界遗产名录》，成为中国第七个世界自然遗产项目。2012 年，又被联合国教科文组织正式列为世界地质公园。外地游客可以乘坐高铁到玉山南站中转前往。

霍去病墓： 霍去病墓与汉武帝刘彻的茂陵毗邻，位于西安市西北四十公里的县级市兴平。早在 1961 年，这两处古迹就都被国务院公布为第一批全国重点文物保护单位。依托霍去病墓，建成了茂陵博物馆，整个茂陵景区还包括汉武帝陵、卫青墓、金日磾墓等古迹。

22

超诣之美

匪神之灵，匪几之微。

如将白云，清风与归。

远引若至，迹之已非。

少有道气，终与俗违。

乱山乔木，碧苔芳晖。

诵之思之，其声愈希。

不需要寻觅终极的神灵，不需要探求微妙的天机。只与白云清风为伴。

玄妙悠远的思想，若抵近去把握它的形迹，那就不是它了。少一些仙风道骨的做派，才能最终摆脱庸俗的桎梏。

深山里林木参天，阳光洒落在满地青苔上。一边吟诵，一边思考，越走越远，声音渐渐消失。

"超诣"这首四言诗，各家解释多有不同。围绕一些字眼，如"迹之已非"的"迹"，"少有道气"的"少"与"气"，聚讼纷纭。对我们来说，最关键的还是回到题目——什么是"超诣"？简单说，我的理解是在既有的基础上实现质变，提升到一个新的境界。

　　超诣是境界的提升。1908年，王国维撰写《人间词话》，其中一段很有名，许多人都熟悉：

　　古今之成大事业、大学问者，必经过三种之境界。"昨夜西风凋碧树，独上高楼，望尽天涯路"，此第一境也；"衣带渐宽终不悔，为伊消得人憔悴"，此第二境也；"众里寻他千百度，蓦然回首，那人正在灯火阑珊处"，此第三境也。

有人说这一段话脱胎于青原惟信禅师：

　　老僧三十年前未参禅时，见山是山，见水是水。及至后来，亲见知识，有个入处，见山不是山，见水不是水。而今得个休歇处，依前见山只是山，见水只是水。[1]

　　其实撰写《人间词话》前，王国维认真钻研过的，是德国哲学家尼采的著作。在1883年开始创作的《查拉图斯特拉如是说》里，尼采提出过"精神三变"：

　　我来告诉你三种精神变形的方式，即精神是如何变成一只骆驼，又从骆驼变成一头狮子，最后再从狮子变成一个小孩的。

　　概括讲，尼采用骆驼、狮子、婴儿来比喻人类精神的变化：骆驼寓意对传统束缚的背负，狮子代表勇于破坏传统的精神，婴儿则是创造新价值的象征。

[1] 见南宋释普济《五灯会元》。

你看，围绕人生境界与精神，古今中外有着类似的看法。这种境界的质变、这个过程本身，就是超诣之美的呈现。具体说，至少可以有两种不同类型。

苍老的狮子：超诣自我之美

但凡生命足够长、作品足够多、成就足够高的创作者，都会被评论者、研究者按照生平行迹分期讨论。比如诗圣杜甫，通常他的创作历程被大体分为三期：读书壮游，困居长安，漂泊西南。而对创作者自身来说，随着年龄增长，见闻增广，作品风格的变化是自然而然发生的，"匪神之灵，匪几之微"——不需要苦苦寻觅终极的神灵，不需要额外探求微妙的天机，这是"云在青天水在瓶"[1]一般的客观事实。

不过有追求的创作者总会主动寻找突破，但是又容易"远引若至，迹之已非"，这样的教训有很多。美术院校里，中国画系一度更名为彩墨画系，而后又套用西方当代艺术理论尝试"新水墨"，盲从者众，但都没有杀出一条血路。只有面对传统，"用最大的功力打进去，用最大的勇气打出来"[2]的少数人，实现了自我的超诣。

有一位职业画家亲历晚明衰亡、明清易代，一直生活到康熙继位。他叫蓝瑛，活了八十多岁，是中国艺术史上武林画派的开创者。蓝瑛五十岁前，认定"绘学必须从古人笔墨留意一番，始可言画家

[1] 见唐代李翱《赠药山高僧惟俨·其一》。
[2] 这是绘画大师李可染的座右铭。

也"[1]，于是用最大功力打进古人笔墨，博采历代名家之长，只是还没有形成自家面貌。

之后十五年间，蓝瑛开始用最大勇气从古人笔墨中打出来，形成了秀润淡雅的画风。

六十五岁后的蓝瑛衰年变法，终于以苍劲雄奇的风格卓然自立。在北京故宫博物院收藏有蓝瑛七十四岁时绘制的《白云红树图》。你看S形构图韵律十足，远方后景碧峰高耸，中景山峦绵亘不绝，其间十余棵参天大树姿态各异，枝叶五颜六色，用"超诣"四言诗里的"乱山乔木"来形容最是恰切。前景里的白袍老翁正缓步于简陋的木桥之上，他的眼前正是一派"碧苔芳晖"风景。

《白云红树图》是一张高近一米九、宽约半米的大立轴，每次展出都让人感叹这位老人家年纪越大，胆量越大！他以艳丽的石绿石青敷染山石，构成主体色调，树叶则用浓厚的朱砂、花青、白粉没骨点出。三五碧山与几树红叶形成强烈的视觉对比，同时使山脚、树干，色泽温润平和，从容过渡协调。

----
[1] 见明代蓝瑛《蝶叟题山水画》。

《白云红树图》　明　蓝瑛　北京故宫博物院藏

山腰流动的白云，尤见功力深厚——蓝瑛放弃传统的留白或勾勒技法，纯以白粉、花青晕染，营造出云气氤氲缭绕的迷离恍惚感，同时又提高了画面的明亮度，灵犀一点般唤醒全图。

人人都说大红大绿是大俗色彩，但蓝瑛居然险中求胜，大面积使用矿物颜料，设色异常洒脱夸张。经其点铁成金的手笔，反倒收到古艳的效果，真乃大俗大雅、大开大合的典范。

尼采论证过精神怎样"从骆驼变成一头狮子"，他说：

> 在最孤寂的荒野上，它遇到了第二种变形：这里的精
> 神变成了一头狮子。它一心想要抓住自由，并且成为这片
> 荒野的统治者。

暮年蓝瑛正是一头苍老的狮子。他在乱山乔木间跋涉，用一派白云红树风光，为了新的创造而去争取自由。最终他实现了自我超越，达到超诣之美的境界。可惜白云乱山、红树乔木是最孤寂的荒野，其后二百年，"四王"[1]统治着山水画的天下。

躁动的婴儿：超诣时代之美

像以《白云红树图》为代表的蓝瑛空谷足音，其声愈希，很遗憾没能成为时代的先导，因此只能说是对自我的超诣。不过也确实有人能够做到思接千载，超越时代局限。

---

[1] "四王"是指清初四位专擅山水的画家。他们是王时敏、王鉴、王翚、王原祁。在艺术上，他们都重视仿古，把宋元名家笔法奉为最高标准。他们的创作得到清朝最高统治者的认可提倡，所以在此后近三百年间被画坛尊为正宗。

这是一位对公众而言相对陌生的人物。喜欢篆刻的朋友，也许知道有位篆刻大家名叫黄易。他主要生活在乾隆年间。当时许多文人学士热衷寻觅金石碑刻，于是金石学盛行，黄易就是其中的代表。与绝大多数金石学者想方设法收集拓片不同，黄易利用工作机会，深入到山东、河南等地，实地寻访各种古老的石刻。

更让人称奇的是，在实地寻访之后，他都会用绘画的方式把自己看到的古碑遗址现场仔细记录下来，同时还配上周密的文字说明。从东岳泰山脚下的岱庙到曲阜、邹城的孔孟故里，从中岳嵩山的各处名胜到洛阳伊阙的龙门石窟，黄易都留下了独具特色的"访碑图"。

黄易一生工作和水利相关，但本质上是一个文人。他没有受到过职业画家高度写实的技巧训练，所以画的访碑图都很简单，用笔甚至有点拙笨。但画作内容的寻古探奇，说明文字的新鲜翔实，弥补了技巧的不足。他"以秀逸之笔传邃古之情，得未曾有"[1]，开创出"前摄影时代"实景山水的全新样式。

摄影术据说是法国人在1826年，黄易去世二十多年后发明的。到晚清民国时，黄易寻访过的地方，大多都被外国探险家们拍摄记录下来了。从这个角度看去，黄易画的访碑图谈不上是对时代的超诣，那么我为何说他创造出了超诣时代之美呢？

这要从位于如今山东省嘉祥县的一处古迹谈起。时间回溯到1786年，也就是清乾隆五十一年的八月，刚刚升任卫河通判的黄易从开封去济宁，途经嘉祥，他翻阅《嘉祥县志》，注意到在嘉祥县城以南三十里的紫云山西麓有三座汉代石享堂，"久没土中，不尽者三

[1] 见清代阮元《小沧浪笔谈》。

尺"。于是他在当年九月实地考察。一番寻访，竟在泥沙中发掘出曾被北宋欧阳修、赵明诚记录的武梁祠！

这是一座兴建于东汉晚期的家族祠堂，不仅保存了大量雕刻精美的画像石，而且还有石碑、石狮、石阙等遗迹。黄易为这次发现绘制的《紫云山探碑图》，现在收藏于天津博物馆。在这张访碑图旁，他记录下了自己的兴奋：

> 得石得碑之多无逾于此，生平至快之事也。同海内好古诸公重立武氏祠堂，置诸碑于内，移"孔子见老子"画像一石于济宁州学明伦堂，垂永久焉。

据说中国人独立建设的第一座公共博物馆，是清末状元、近代实业家张謇于1905年创办的南通博物苑。而距此近一百二十年前，面对发掘出的重要的画像石，黄易非但没据为己有，反而在紫云山修建房屋，原地保存陈列他发掘出的东汉遗存，这才是第一座公共博物馆啊！

1926年考古学家李济发掘山西夏县的西阴村遗址，通常被人们认为是中国现代考古学诞生的标志。那么黄易发掘武梁祠的创举，要比考古学在中国的诞生早了整整一百四十年。

黄易对武梁祠的发掘和保护，不仅是他对乾嘉金石学的最大贡献，更是他超诣时代的壮举。如果没有黄易1786年的实地考察发掘，没有他随即展开的原址保护行动，那么中国的美术史、绘画史、书法史、雕刻史、建筑史，都会留下极大的缺憾。我们将无法领略东汉艺术的至高成就，中小学教科书中也不会出现那些古朴的画像：黄帝、尧、舜、禹、孔子见老子、荆轲刺秦王……

衷心感谢黄易。因为他如"超诣"四言诗所说的"少有道气，终与俗违"，因为他笔下那些猛然看上去显得拙笨的访碑图，因为他对武梁祠的发掘和保护——黄易所做的这一切，让他成为少有的真正能够做到思接千载，超越时代局限，从而实现与未来对话的人。在我的心中，他不仅是一个尼采笔下的孩子，更是一个躁动于母腹中的快要成熟了的婴儿，为后人生动地传递着超诣时代之美。

寻宝小贴士

武梁祠：武梁祠位于山东省济宁市嘉祥县境内。1907 年 7 月 5 日，星期五，法国汉学家沙畹来到武梁祠，并留下了一批黑白照片。在其中一张全景中，我们仍然可以看到黄易当年修建的保护房屋。1961 年，这里以"武氏墓群石刻"的名义，被国务院公布为第一批全国重点文物保护单位。目前此地设立了武氏墓群石刻博物馆，对外开放。交通方面，外地游客可先至济宁，再包车前往。

黄易相关遗迹：黄易不仅是书画家，而且是杰出的篆刻大师。他和另一位篆刻大师丁敬并称"丁黄"，是清代中叶以杭州为中心的浙派篆刻的代表，名列"西泠八家"。1904 年，杭州的一些篆刻家仰慕前贤，在西湖孤山南麓创立西泠印社，这是海内外研究金石篆刻历史最久、成就最高、影响最广的学术团体，号称"印学研究中心""天下第一名社"。2001 年，西泠印社被国务院公布为第五批全国重点文物保护单位。2009 年，"中国篆刻"正式列入联合国教科文组织人类非物质文化遗产代表作名录。

23

飘逸之美

落落欲往，矫矫不群。

缑山之鹤，华顶之云。

高人惠中，令色氤氲。

御风蓬叶，泛彼无垠。

如不可执，如将有闻。

识者已领，期之愈分。

　　举止大方潇洒，谈吐出类拔萃。好比河南偃师缑山上的仙鹤，或是陕西华阴华山顶的祥云。

　　高人拥有大智慧，面带慈悲的神情。像是乘风驾着一片莲叶，在无边无际的空中飘荡漫游。

　　这种境界有时难以琢磨，有时又能有所领悟。能认识到这一点，就不会因为勉强追求飘逸，而距离飘逸的真谛越来越远。

飘逸的真谛究竟是什么？什么才是真正的飘逸之美？
不妨从三个角度来探讨。

飘逸不是没有根的飘飘然

举止大方潇洒，谈吐出类拔萃，为什么要被比喻为仙鹤和祥云？这是因为缑山之鹤、华顶之云的背后都有故事。

缑山之鹤的典故比较有名。王姓的始祖王子乔，本名姬晋，是东周灵王的儿子，传说他在缑山乘鹤飞升，变成了仙人。一千二百多年后，这个故事被七十多岁的女皇帝武则天听说了。她亲自跑到缑山拜谒，扩建了升仙太子庙。现在庙已不存，缑山上只留下武则天下令树立的《升仙太子碑》。这是一通六米多高的巨型石碑，四千多字记录下那段历史与古老的神话。

对应的华顶之云，也隐藏着传说。《集仙录》里记载西汉末年王莽篡权时，有一位南阳公主为逃避乱世，躲进华山修炼。一年多后，这位公主"秉云气冉冉而去"，只在山巅留下一双红鞋。她的丈夫王咸去取鞋，却发现鞋子变成了石头。如今的华山风景区里，还有一座白云峰，俗称公主峰，据说附会的就是这个公主升仙的故事。

王子或公主，骑着仙鹤或驾起祥云，升天变成仙人——如果我们把飘逸之美仅仅理解为这样的童话，未免太简单了。故事的背后还有故事。

王子乔当太子时，有一年河水泛滥，威胁到周天子的宫殿。周灵王决定采用堵塞的方法治理洪水。王子乔反对父亲的做法，主张疏导河道。父子争执不下，王子乔再三劝诫，同时以禹的父亲鲧用壅堵的方法治水失败的教训批评了父亲的治水计划。[1]由此可见王子乔为人耿直，处事积极有为，绝非不食人间烟火的公子哥。

传说中的那位南阳公主也很不简单。对于礼贤下士、以谦卑面目示人的王莽，她有着清醒的认识，跟丈夫王咸曾经直白地说："国危世乱，非女子可以扶持。"[2]假使这位公主是男儿身，想必也会成为乱世英雄，做出一番事业吧。

你看，纵然是缑山乘鹤的王子乔，也曾发出过逆耳忠言；华顶驾云的南阳公主，对于时政也有一针见血的深刻见地。所以我会强调飘逸是有所作为后的洒脱，不是无所事事的随波逐流，不是没有根的飘飘然。

如果用植物比喻人格，具有飘逸之美的应该是坚韧挺拔的竹子。

西汉时皇帝祭天的场所叫"竹宫"，是用竹子建造的祭天建筑，所谓"以竹为宫，天子居中"[3]，可见当时竹子是通天的象征，与升仙不无关联。世易时移，竹又和梅兰菊并称四君子，其中绿竹猗猗，筛风弄月，摇摆间最是潇洒。到了唐代，大诗人孟浩然就曾说"逸气假毫翰，清风在竹林"[4]。可见在感物喻志的审美品格塑造中，竹子是最富飘逸之美的。不过须知竹的飘逸是以有根有节为前提的。小学生们都会背诵的一首诗就在提醒我们这一点：

---

[1] 见春秋时期左丘明《国语·周语·太子晋谏灵王壅谷水》。

[2] 见北宋《太平广记·卷五十九·女仙四》。

[3] 见东汉班固《汉书·卷二十二·礼乐志》三国时期韦昭注。

[4] 见唐代孟浩然《洗然弟竹亭》。

位于河南省偃师市的《升仙太子碑》（局部）　耿朔/摄

咬定青山不放松，立根原在破岩中。

千磨万击还坚劲，任尔东西南北风。

可见绿竹之所以飘逸，依托的是坚牢的根基。郑板桥的这首
《竹石》诗，连同他绘制的一幅幅墨竹图，都传递了这种以根基扎实
为特征的飘逸之美。

飘逸不是徒有其表的作秀

"飘逸"四言诗里提到了"高人惠中"[1]。那么，谁才是内心聪
慧的高人呢？

---

[1] "惠"通"慧"。

801年，在唐朝首都长安，三十四岁的韩愈摆下了一桌送别宴。他的朋友李愿就要离开长安，跑去一个叫盘谷的地方隐居了。韩愈还为此写下了一篇文章，这就是有名的《送李愿归盘谷序》。

韩愈在文中列举了三种人：利泽施于人、用力于当世的有为之士；穷居野处、对国家兴亡置之不理的隐士；"伺候于公卿之门"，趋炎附势的小人。

虽然韩愈说前两种人都称得上是大丈夫，区别仅在于是否"遇于时"——是否被时代赏识，但在他的笔下，这前两种人还是有区别的。韩愈描写了隐士的生活：他们起居作息不定时，只要舒服安逸就好，整天坐在繁茂的大树下，用清泉洗漱，从山上采摘甜美的水果，从水中钓取新鲜的鱼虾。隐士们算得上"高人惠中"吗？在我看来，如果只在行为举止上追求这种潇洒的生活，是算不得"高人惠中"的。

"飘逸"四言诗里形容内心聪慧的高人"御风蓬叶，泛彼无垠"——高人乘风驾着一片蓬叶，在无边无际的宇宙里飘荡漫游。但这种飘逸不是行为艺术，更不是徒有其表的作秀。我更愿意将"御风蓬叶，泛彼无垠"理解为高人在精神世界里对疑惑的解答、对知识的获取、对真理的寻觅。有内涵，这才能算得上飘逸之美。

我们回到《送李愿归盘谷序》。韩愈在文章中说，太行山南麓有一个叫盘谷的地方，泉水甘甜，土壤肥沃，草木茂盛，居民稀少。

盘谷在哪里？

清朝的乾隆皇帝曾认定盘古是如今天津市蓟州区的盘山。在十多年的时间里，他数十次到盘山游览，对"盘谷"风光大加赞赏。不过后来乾隆发现自己犯了错。真正的盘谷并不在天津，而是在今天河南省济源市的克井镇大社村，是太行山深处的一处幽静山谷。乾隆为此写了一篇《济源盘谷考证》，下令在蓟州盘山、济源盘谷两地刻石立碑以正视听。

在这篇文章里，乾隆皇帝表达了自己对未知和疑惑的态度："若予之读书，凡涉疑，必求解其疑而后已，此或有合于韩昌黎解惑之说乎。"这种努力寻求真理的做法，与韩愈在《师说》中的主张不谋而合："师者，所以传道受业解惑也。人非生而知之者，孰能无惑？惑而不从师，其为惑也，终不解矣。"在真理面前"无贵无贱，无长无少"。

我这样讲，不是试图论证乾隆皇帝是具有飘逸之美的高人，而是想说在那些徒有其表的作秀者和真正有内涵的飘逸之美之间，至少还隔着一个号召读书、求解疑惑的乾隆皇帝。

《送李愿归盘谷序》《师说》相继问世大约十年后，韩愈创作了《进学解》。在这篇不朽之作中，韩愈不仅说自己写文章"闳其中而肆其外"[1]，更向世人宣告在精神世界里，他努力做到了弥补学问的缺漏，阐发精微的道理，探寻失传已久的学说，独自广泛搜集材料，继承往圣绝学：

> 补苴罅漏，张皇幽眇。寻坠绪之茫茫，独旁搜而远绍。
> 障百川而东之，回狂澜于既倒。

韩愈的宣告和诗文让我相信他才是"高人惠中"，在幽眇茫茫里"御风蓬叶，泛彼无垠"，他的"障百川而东之，回狂澜于既倒"才是真正的飘逸之美。

---

[1] 成语"闳中肆外"的出处，指文章不仅内容丰富，而且文笔自由恣意。

飘逸的可学和不可学

"飘逸"四言诗最后说，飘逸这种境界有时让人难以捉摸，有时又让人有所领悟。其实可以把飘逸细分成两种，或许能有助于我们深入理解。

第一种飘逸是自下而上的"升仙"。无论是王子骑乘仙鹤，还是公主腾云驾雾，描绘的都是这种飘逸，但前提是要"有所为"。比如韩愈障百川、回狂澜，能张皇幽眇，寻茫茫坠绪，首先是因为他足够勤奋：

> 先生口不绝吟于六艺之文，手不停披于百家之编。记事者必提其要，纂言者必钩其玄。贪多务得，细大不捐。焚膏油以继晷，恒兀兀以穷年。先生之业，可谓勤矣。[1]

虽然辛苦，但这第一种升仙式的飘逸是可以学习的。它和人们熟悉的"一万小时定律"不谋而合。简单说，只要夯筑牢靠的根基，就有可能实现"闳其中而肆其外"的飘逸。再直白一点讲，这就是水滴石穿的匠人精神。"无他，但手熟尔"[2]的卖油翁、游刃有余的解牛庖丁[3]，都是这种可学的升仙式飘逸之美的代言人。

第二种飘逸则是自上而下的"谪仙"。

735年，在唐朝首都长安的一场宴席上，年逾古稀的贺知章见到

---

[1] 见唐代韩愈《进学解》。
[2] 见北宋欧阳修《卖油翁》。
[3] 见《庄子·养生主》。

刚过而立之年的李白。读罢《蜀道难》《乌栖曲》，贺知章大为感慨，认定李白绝非人世之人，而是太白星精下凡。和贺知章的这段忘年交，李白后来自己也有记录："长安一相见，呼我谪仙人。"[1]这是李白"诗仙"称号的由来。李白谪仙人式的飘逸之美，是不可学的。

语言上，李白能用最平易的话表达最深沉的情感，非但如此，他这种表达的过程也是飘逸绝伦的。比如大家都会背的"床前明月光"[2]。这首诗寥寥二十个字，扣除重复字，十七个不同汉字的组合，不仅描绘出如地上清霜的月光，勾勒出主人公俯仰之间的一望一思，还道尽了游子思乡之情。

如果置身特定的历史地理环境中，我们就越发能感受到李白这种不可学的飘逸之美。安徽泾县的县城八十里外，有一座依山傍水的古镇。镇子原名叫陈村，但因为李白一首诗的缘故，改了名字，叫桃花潭镇。

当年"李白乘舟将欲行，忽闻岸上踏歌声"[3]。古镇临江码头旁保留的清代楼阁，被称为"踏岸歌阁"。行走在这小小楼阁前的古老码头，你不会只把"桃花潭水深千尺"[4]教条地理解为浪漫主义的夸张。因为凝望着一江春水缓缓流逝，几乎每一个在此驻足的游客都会念起"不及汪伦送我情"[5]。李白就近取喻，用衬托的手法把无形的情谊化为有形的流水，生动地表达了汪伦对自己的真挚深厚的情

---

[1] 见唐代李白《对酒忆贺监二首》。
[2] 见唐代李白《静夜思》。
[3] 见唐代李白《赠汪伦》。
[4] 同上。
[5] 同上。

谊。这二十八个汉字随着静水流深潜入了每位游客的记忆中，让这份穿越千年的情谊成为大家共有的文化基因，在我们的脑海心潮与碧水青山间随风飘荡。

李白谪仙人式的飘逸之美不可学，还因为他在情感上大开大合，恣意转换，随性而为。比如脍炙人口的《行路难》：

> 金樽清酒斗十千，玉盘珍馐直万钱。
>
> 停杯投箸不能食，拔剑四顾心茫然。
>
> 欲渡黄河冰塞川，将登太行雪满山。
>
> 闲来垂钓碧溪上，忽复乘舟梦日边。
>
> 行路难，行路难，多歧路，今安在。
>
> 长风破浪会有时，直挂云帆济沧海。

李白从物质丰富奢侈的金樽清酒、玉盘珍馐下笔，与之形成鲜明对比的，是此时内心的茫然忧伤。之所以忧伤，是因为前途凄迷乃至无路可走。于是他想到了姜太公和伊尹，李白以这两位辅佐圣王建功立业的古人自况，感慨自己怀才不遇。行文至此，诗人反复写下"行路难"，其内在情感已压抑至极。也唯其如此，最后一句的豪情万丈才能如东山后沉沦已久的朝阳，破云而出，一跃而上！"长风破浪会有时，直挂云帆济沧海"，一举把胸中块垒荡涤得干干净净！这种由百倍压抑到万丈豪情的转换，体现的正是谪仙人式的飘逸之美。

对于李白的"不可学"，叶嘉莹先生这样说："李白是难学的，你如果没有李白的天才和理想，就只能学到他那狂放、破坏的缺点，而不能达到他真正的才华和理想的高度。……李白破坏了规范，可

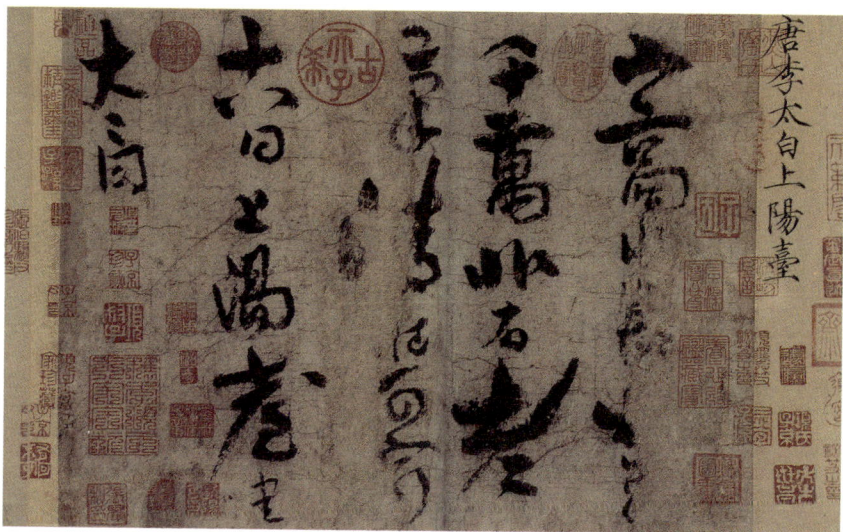

《上阳台帖》 唐 李白 北京故宫博物院藏

他完成了比本来的规范更宝贵的东西。"[1]

　　还好，"识者已领，期之愈分"。我们已把飘逸之美分解为可学和不可学，就请循着韩愈指点的路径，先向上攀登一万小时吧！咬牙坚持下来，终归会登顶山巅，坐看流云。也许你还会看到有流星划破天穹，那就许下一个小小的心愿：愿那流星化作谪仙人，带给人世间全新的飘逸之美。

寻宝小贴士

　　缑山： 位于河南省偃师市，介于省会郑州和古都洛阳之间。这座山海拔不过三百米，但在历史上很有名。传说它是西王母修道的

---
[1] 见叶嘉莹《叶嘉莹说杜甫诗》中《序言》。

地方，因为西王母姓缑，所以得名缑氏山，简称缑山。历史上汉武帝刘彻、东汉开国皇帝刘秀、女皇帝武则天、清朝的乾隆皇帝都曾来缑山拜谒。位于山顶的《升仙太子碑》，在 2006 年被国务院公布为第六批全国重点文物保护单位。现在的缑山坐落在唐僧玄奘故里和嵩山少林寺两大景区间，路经的游客可以稍作停留。

华山： 位于陕西渭南的华阴市，是五岳中的西岳，自古以险峻著称于世。1982 年被国务院公布为首批国家级风景名胜区。作为道教圣地，华山是"十大洞天"中的第四洞天，所谓南阳公主乘云而去的故事就很有道教的色彩。游客可乘高铁在"华山北站"下车前往参观。

盘谷： 位于河南省济源市城区以北的克井镇大社村。这里是太行山南麓的一处山谷，谷口有一座创建于北魏年间的古寺盘谷寺，乾隆皇帝书写的御碑和考证文章的摩崖石刻仍然保留。

桃花潭： 《赠汪伦》一诗大约写于 755 年。诗中描写的桃花潭位于如今的安徽省泾县，距离泾县高铁站约有五十公里。这里保存有一座清代风格的古镇，被建设部和国家文物局列为第六批国家历史文化名镇。目前这里为了开发旅游，已将古镇名称更改为桃花潭镇。

李白相关遗迹： 在四川江油、山东济宁、安徽的马鞍山和歙县等地建有太白楼。762 年，李白去世，享年六十二岁。《旧唐书·李白传》说他"饮酒过度，醉死于宣城"，民间传说他在当涂乘舟醉酒，欲捞水中月，不幸溺亡。817 年，李白被迁葬于当涂青山。如今的李白墓位于安徽省当涂县，2006 年被国务院公布为第六批全国重点文物保护单位。

24

流动之美

若纳水辁，如转丸珠。

夫岂可道，假体如愚。

荒荒坤轴，悠悠天枢。

载要其端，载同其符。

超超神明，返返冥无。

来往千载，是之谓乎。

像是旋转的水车，如同转动的滚珠，顺畅运行，不停流动。实在说不出这其中的高妙，拿具体事物打比方也显得很笨拙。

苍茫的大地和悠远的天空都围着一个轴心运转。遵行天地周行的根本规律，才能符合自然变化的法则。

万事万物都有神奇的运行规律，天地乃至宇宙循环不息。千秋万代周而复始，这就是流动的真谛。

距今两千两百多年前的战国末年，秦国丞相吕不韦主持编撰《吕氏春秋》。在这部书中有两段论述和"流动"有关。

第一段是"刻舟求剑"。一个楚国人乘船过江，不小心腰间佩剑掉到水中。他赶紧在船舷上做记号，说："宝剑是从这儿掉下去的。"等船停下来，他从做记号的地方下水寻找宝剑。故事写到这儿，作者忍不住感慨："舟已行矣，而剑不行，求剑若此，不亦惑乎！"

另一段文字是"流水不腐，户枢不蠹，动也"。意思是流水和门轴之所以能够成功抗拒腐败与侵蚀，依靠的是不停地运动。再对照看那刻舟求剑的楚人，他的脑筋实在僵化得可怜。

我们面对一件艺术品，或欣赏一处风景，可以说它的美是高古、典雅、劲健、绮丽，但很难说它"美得很流动"。

通过解读这首四言诗，可以发现作者一直强调的"流动"指的是天地之间万事万物运转不息的规律。这就意味着流动之美隐藏于艺术品或风景内部，需要我们透过表面的形式、现象，去挖掘捕捉抽象的、反映事物运行规律的本质之美，并将其阐发出来。

围绕流动之美，我想结合一种新的遗产类型"文化线路"来和你分享。什么是文化线路？以商业、宗教、政治或其他特定目的为动力，依托实际存在的、有较长历史跨度和空间跨度的交通线路，实现不同民族、国家、区域乃至大陆之间在贸易、思想、知识和价值观念上的交流，这样的时空廊道就是文化线路。

借助文化线路，我将从宝物、资本、知识三方面入手，为你逐一阐述流动之美的极限性、抽象性和创新性。

搬运一座玉山：宝物流动的极限性

关于流动之美的极限性，我举的例子来自北京故宫。在故宫博物院的珍宝馆里陈列着一件名副其实的镇院之宝，这就是巍然伫立于乐寿堂中厅北部的"大禹治水"玉山。它被誉为中国玉雕艺术史上空前绝后的杰作，是国宝中的国宝。

这是一座算上底座通高两米八四的巨型玉石雕刻艺术品，总重量超过五吨。欣赏这座纪念碑式的玉山，恐怕很难马上和流动之美关联起来。但在我看来它恰恰是流动之美的绝佳范例。想知道其中原因，需要先深入了解它诞生的全过程。

清朝乾隆年间，在如今新疆和田的密勒塔山，工匠们开凿出一块硕大无朋的和田玉石。这一稀世之宝被作为贡品进献给皇帝。在朱家溍先生主编的《国宝一百件》中写道：

> 据前人记述，从新疆运大玉到北京需要制作轴长三丈五尺的特大专车。车上有铜把，前用一百多匹马拉车，后用千名夫役扶把推运。逢山开路，遇水架桥，冬季则泼水结冰路面拽运，日行五至六里。据此计算自和阗至北京一万一千一百里，需时三年才能运到。

运到京师的只是原石，但足以让乾隆欣喜。自其祖父康熙以来，祖孙三代皇帝接续征战，终于平定西域，这"密勒塔巨材"并非寻常采买来的商品，乃是恰逢其时的贡品。难怪乾隆皇帝会说"新疆各部之人，安乐爱戴，效顺输忱。……获此巨珍以传古王圣迹。非耳目华嚣之玩可比也"[1]。

在乾隆看来，这块巨大玉石是新疆民众对朝廷忠诚爱戴的见证，因此他要用这块玉石制作一通纪念碑，选择的题材是夏朝开国君主大禹治水的故事。除了成功治水外，传说大禹还把神州华夏划分为九州。由此，我们能够体察到这座玉山隐含的寓意：乾隆自比圣君大禹，要以此表彰自己统领九州的文治武功。

当时玉雕制作工艺中心在扬州。1781年，乾隆下令把这块巨大的玉石从京师经过大运河送至扬州。工匠们以乾隆选用的宋人画作《大禹治水图》为稿本，耗费近七年，把二维的平面绘画转换成三维的立体雕刻。1787年，完工的"大禹治水"玉山从扬州启程，再次经大运河送回京师，随后安放在宁寿宫乐寿堂，二百多年来再未曾有过丝毫移动。

围绕"大禹治水"玉山，如果只聚焦其体量、艺术成就、乾隆皇帝的良苦用心，都不足以完整彰显它的美。这座玉山最辉煌卓绝的美在于其"若纳水轮辋，如转丸珠"的流动。

乍看"大禹治水"玉山，似乎真能风雨不动安如山，但梳理完它被采集、制作的前史，我们会发现它曾经的流动，串联贯通了中华文明最重要的两条大动脉——丝绸之路和大运河。因为它的这种"流动"，无形中把"昆仑山南月欲斜"[2]的新疆和田、"念天地之悠悠"[3]的北京和"青山隐隐水迢迢"[4]的江苏扬州联结起来。

---

[1] 见清代乾隆皇帝《题密勒塔山玉大禹治水图》诗末自注。
[2] 见唐代岑参《胡笳歌送颜真卿使赴河陇》。
[3] 见唐代陈子昂《登幽州台歌》。
[4] 见唐代杜牧《寄扬州韩绰判官》。

更值得一提的是，当这座玉山被采集、制作时，远在英国的詹姆斯·瓦特正针对蒸汽机展开一系列重大发明创新，由此拉开了工业革命的序幕，使人类"虚弱无力的双手变得力大无穷"[1]。那么，工业革命之前，人力所能创造的流动之美的极限在哪里？

丝绸之路和大运河，工业革命前两条极为重要的文化线路，"大禹治水"玉山曾游走其上，"若纳水辀，如转丸珠"。它是关于流动之美极限性最显著的标志。

凝视一枚银锭：资本流动的抽象性

接下来我要举的例子，更贴合"流动"四言诗里讲到的"荒荒坤轴，悠悠天枢"，体现了流动之美的抽象性。

岷江从四川省眉山市彭山区的江口镇流过。这座看来面貌再平常不过的巴蜀小镇，历史上曾血雨腥风、硝烟弥漫。

1646年秋天，清军攻占四川邛州，距离成都只有两天的路程。大西政权的创立者张献忠决定避开清军锋芒，带部队从成都撤退。多年间，张献忠指挥部队转战陕西、山西、河南、安徽、湖北、四川等地。这些地方可都是大明帝国的膏腴所在，因此缴获的金银财宝据说"累亿万"。在这次撤退中，财宝装满了成百上千艘舟船。

张献忠的船队沿岷江东下，经过彭山江口时，突然遭到以杨展

---

[1] 1819年英国发明家瓦特去世。在讣告中他发明的蒸汽机被评价为："它武装了人类，使虚弱无力的双手变得力大无穷，健全了人类的大脑以处理一切难题。它为机械动力在未来创造奇迹打下了坚实的基础。"

为首的当地武装突袭：

> 展身先士卒，遣小舸载火器以攻贼舟。风大作，舟火，士卒鼓勇，皆殊死战，贼败。贼舟首尾相衔，骤不能退，风烈火猛，势若燎原。官兵枪铳弩矢百道俱发，贼舟多焚，所掠金玉珠宝及银鞘数千万，悉沉江底。[1]

江口小镇外这段看似普通的岷江河道就是"江口沉银遗址"。从2016年开始，考古学家对这里进行了水下考古发掘，出水文物数万件，其中各式银锭蔚为大观。

国家博物馆、四川博物院先后举办过以"江口沉银"为主题的考古成果展。置身展览现场，凝视一枚枚样式雷同、刻写铭文笨拙粗率的银锭，恐怕很难感受到什么美。但我想告诉你，其实它们所呈现的正是更宏阔也更抽象的流动之美。

从明代开始，白银

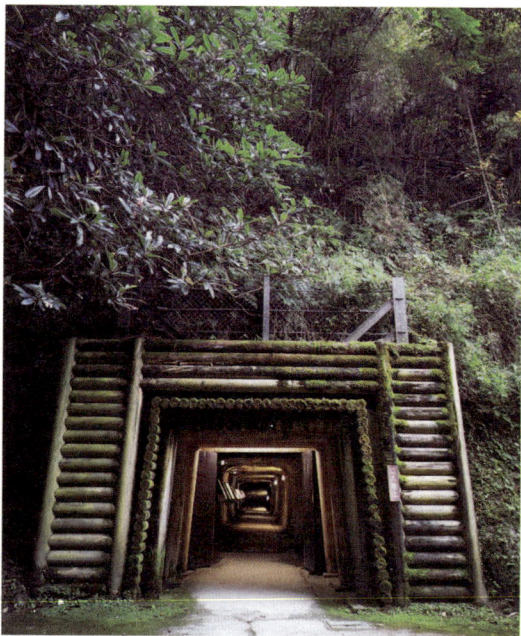

位于日本岛根县的石见银山矿洞入口　乔鲁京/摄

---

[1] 见明末清初俞忠良《流贼张献忠祸蜀记》。

成了主流货币。中国发达的海外贸易极大刺激了早期全球白银资本的跨国乃至跨洲际流动。

日本历史上开采过规模傲视全球的银矿——石见银山，从这里提炼的白银大多流入中国。西班牙殖民者在墨西哥等美洲地区开采白银，也借助太平洋环流，通过大帆船源源不断输送到当时他们在东南亚的殖民地菲律宾，最终经过马尼拉的转口贸易流入中国。

1681年（清圣祖康熙二十年），马尼拉高等法院法官迭戈·安东尼·德·维加（Diego Antonio de Viga）梳理了1620年到1680年总计六十一年间菲律宾海关货物的缴税情况。请注意，张献忠江口沉银发生在1646年，刚好在这个时间段内。这套档案在二十一世纪得到深入研究，学者们参考西班牙塞维利亚的西印度总档案馆收藏的其他文献，最终得出结论：从美洲跨越太平洋运到亚洲的白银中，多达九成流入中国。

不同地区的白银含有不同的杂质，通过分析这些杂质中的微量元素，有可能确定具体某一块白银的原产地。我们由此可以想象，从江口沉银遗址出水的银锭，在未来会被科学家进行缜密的研究。然后大家就能知晓汇聚于中国腹地、天府之国的江口沉银分别来自何方：是中国西南？是日本岛根县的石见银山？还是大洋彼岸的墨西哥，甚至南美洲的秘鲁、玻利维亚？

终有一天，我们将绘制出一张三百年前全球白银资本流转的运行图！荒荒坤轴，悠悠天枢，谁能想到江口沉银遗址会是这张图上的一个"黑洞"。在久久凝视一枚银锭后，我深深感受到了更宏阔也更为抽象的流动之美。

寓属生交阯自
呼名果然欢同
难遇共小凌大
居前柳異王孫
恶郭斋君子賢
不因皮适褊林
霄命宁損
御题交阯果然诗

《交阯果然图》 清 郎世宁 台北故宫博物院藏

分辨一只猴子：知识流动的创新性

我试图通过写二十四美，来激活《二十四诗品》这类传统思想文化资源。无须讳言，传统资源也有其局限性。比如"流动"四言诗最后说"来往千载，是之谓乎"，从中可见作者的思维仍局限在历史循环周期论的轨道里。因此在全书最后，我想用一轴画来说明流动之美，以此提醒我们大家一定要向前看，拥有发现的眼光和创新的意识，而不能一味地回头观望。

这轴画的名字叫《交阯果然图》，完成于1761年。作者是时年七十四岁的耶稣会传教士、清宫洋画家郎世宁。这轴画的视觉中心是一只被称为"交阯果然"的猴子。从绘画风格分析，它与作为背景的山石树木形成了微妙的区别。我推测猴子是郎世宁亲手所绘，至于山石树木应该是乾隆宫廷里其他画家的补绘。

《交阯果然图》装饰性很强，画风中西合璧，但怎么会体现出流动之美呢？

基于当今的动物分类学知识，画中的猴子原产于非洲大陆以东、印度洋上的马达加斯加岛，学名叫环尾狐猴。但在画面左上方的乾隆御制诗上写得很明白："寓属生交阯，自呼名果然。"也就是说，这只猴子来自交阯——如今越南北部，它的名字叫"果然"。结合实物与文献，中文古籍中的"果然"对应的是灵长目猴科仰鼻猴属现存的五种猴子。其中最有名的一种是川金丝猴，在越南北部也有一种，被称作越南仰鼻猴或越南金丝猴，尽管它的毛色以黑白为主色。

那么一只来自非洲马达加斯加岛的环尾狐猴，怎么会取代越南仰鼻猴，成为乾隆皇帝和他饱读诗书的大臣们认定的"交阯果然"呢？

如果说江口沉银折射的是环太平洋白银资本的运转，那么二百多年前的这只猴子，投射出的背景就是从印度洋到中国南海的贸易网络——海上丝绸之路。很可能是来自阿曼的阿拉伯商人先在马达加斯加岛收购了这只猴子，贩卖到印度次大陆的果阿，再由印度商人转卖到马六甲，继而易手给了越南北部当时的郑主政权，最终作为贡品送至大清帝国的首都。

面对这样一个全然陌生的动物，假设你是乾隆皇帝，肯定也会好奇地问："这是什么啊？"如何回答这个问题？最有学问的臣子们想到的方法是查找浩如烟海的古籍文献……找到了！《山海经》中提到有一种动物叫"果然"，明确说"交阯诸山有之"。继续查！找到了！三国时的万震写有《南州异物志》，其中说：

> 交州以南有果然兽，其名自呼，身如猿，犬面，通身白色，其体不过三尺，而尾长四尺余，反尾度身过起头，视其鼻，仍见两孔仰向，其毛长柔细滑泽，以白为质，黑为纹，视如苍头鸭胁边斑纹。

你看，这段话不正是乾隆御制诗头两句的来历吗？"以白为质，黑为纹"，多么符合。双重证据还不足为凭，再查。找到了！西晋古籍《南中八郡志》明确写道："交阯有果然，白面，黑身，毛采斑斓。"

问题似乎得到了完美的解答。只是乾隆一朝的大臣们选择性地遗忘了"视其鼻，仍见两孔仰向"这句话。又恰好越南仰鼻猴和环尾狐猴都是黑白两色。

1761年，来自意大利的郎世宁为乾隆皇帝绘制完成《交阯果然图》。稍早几年，另一只环尾狐猴辗转经过大西洋航道运抵欧洲。它没有郎世宁画笔下的那只幸运，水土不服，死了，被剥皮制成标本。现代生物分类学的奠基人、瑞典学者林奈仔细观察这只死猴子，进行了最初的分类研究，确认它是一个新的物种。

在1758年推出的《自然系统》第十版中，林奈为它取了拉丁文学名 *Lemur catta*。英国博物学家托马斯·彭南特根据林奈的研究，在1771年用英语 ring-tailed 来描述这种猴子，这是中文"环尾狐猴"这个名词翻译的源头。

我觉得《交阯果然图》是思想史领域里中西比较的绝佳案例。这只攀附桃枝的猴子不断向我们发问：面对未知，面对陌生，你的选择会是什么？是回头埋首故纸堆，还是"知之为知之，不知为不知"[1]，用发现的眼光、创新的意识向前看？

每隔三五年，这轴画都会公开展览一两月。和这只栩栩如生的猴子对望后，我更加坚定了自己的判断。

寻宝小贴士

"大禹治水"玉山： 乾隆皇帝亲自挑选了这座玉山的安放地点。1788年的正月二十五日，这座玉山被安放在宁寿宫乐寿堂内，从此

---

[1] 见《论语·为政》。

再也没有移动。如今这里是故宫博物院的珍宝馆展厅，游客参观需要单独购票。

丝绸之路： 2014 年，中国和哈萨克斯坦、吉尔吉斯斯坦三国联合申报的"丝绸之路：长安—天山廊道的路网"成功申报为《世界遗产名录》。中国境内的遗产点共有二十二处，分布在陕西、河南、甘肃、新疆四省区。

大运河： 2014 年，大运河获准列入《世界遗产名录》。纳入世遗范围的大运河遗产选取了各河段的典型河道段落和重要遗产点，分布在中国的两个直辖市、六个省，包括河道遗产二十七段，总长度一千零一十一公里，相关遗产共计五十八处。

白银大道： 又名"皇家内陆大干线"（Camino Real de Tierra Adentro）。这条文化线路总长两千六百公里，从墨西哥北部一直延伸到美国得克萨斯州和新墨西哥州境内。位于墨西哥境内的部分在 2010 年被列入《世界遗产名录》，包括五十五处遗址，此外它还包括了五处之前已经列入《世界遗产名录》的项目。十六世纪至十九世纪时，这条道路主要用于运输萨卡特卡斯、瓜纳华托、波托西等地出产的白银，以及从欧洲进口的水银。

《交阯果然图》： 这张画是郎世宁的代表作，现在收藏于台北故宫博物院，平时保存于库房，只在每隔三五年举行的特定展览中公开展示。